U0145280

賽局好好玩！
GAME THEORY

張振華 著

五南圖書出版公司 印行

作者序言

賽局風潮

曾幾何時，賽局理論的字眼已經悄悄的「蔓延」在你我周遭，翻開報章雜誌，政論家大聲疾呼兩岸競爭不是「零和賽局」，應該追求雙贏，甚至報紙的讀者投書都出現了「納許均衡」這種專業術語了。石油價格調漲引來民怨，民營業者利用囚犯困境賽局爲自身辯護，公平會則引用訊號傳遞的動態賽局回敬，一來一往，見證了理論與實務融合的可貴。此外，台灣最引以爲傲的健保制度岌岌可危，這關係到我們切身的利益，用賽局理論也可一窺健保瀕於崩潰的原因，這些都說明身爲一個現代公民，不管你是士農工商，都有必要知道賽局理論如何分析發生在我們周遭的人、事、物，並且提供了何種改善、解決我們生活環境問題的見解，也許我們永遠不可能是專家，但是我們卻可以理解並知悉事情的本質，而不至於盲從或者徬徨。

大衆新顯學

國內市場已經有多本賽局理論的書籍，但扣除掉嚴謹艱深又厚重的翻譯教科書，入門書籍只有寥寥數本，再扣掉日本翻譯書，中國簡體轉繁體版本，尚缺以台灣本土個案爲討論主題的書籍，這也是作者寫作的目的，而作爲一種深入大街小巷的入世學科，應該要拋開艱澀的學術符號，展現以淺顯易懂的口語，演繹以人盡皆知的現象事實，如此方能普及傳達賽局的

理念，這也是這本廉價入門書籍所要達到的目標，也歡迎讀者若有心得感想，寫信與筆者溝通分享（來信請寄E-Mail: chang.chenhwa@msa.hinet.net），在推廣賽局理論的道路上一起努力。

張振華

目錄

其他賽局——是佛心來的，還是摸蜆兼洗褲？

你來我往，機關算盡——先佔先贏，還是黃雀在後？

賽局的反思——無魚蝦也好

CHAPTER 1

人生無處不賽局

1.1 賽局處處

爲了總統大位，各政黨初選已經進入白熱化階段，不管是民進黨四大天王之爭，還是國民黨的王馬之爭，表面上大家拱手做揖，一團和氣，幕僚們私下則是奔走串連，既拉攏又要防止對手坐大，必要時還要給對手致命一擊，這種競爭中又帶有合作意圖的行爲分析，是人類自有歷史以來就不斷上演。其中幾個長久以來爲人們所熟悉的典範，高手們的出手優雅大方、行雲流水，一招兩式就將敵人殺得片甲不留，爲後人所稱頌讚嘆，但這種互動一直被以爲是成功者的人格特質，天生就是無師自通或者必須經過人生歷練方能爐火純青，卻一直沒有一套理論來定格、分析甚至歸納整理，並從理論上推陳出新。

分析互動的學問

一直到20世紀中葉，終有學者逐步蒐集過去經典的互動模式，成立了以分析人們互動爲主旨的新學科：賽局理論（Game Theory）。賽局理論在國內又翻譯爲「博奕理論」、「對策論」或「互動決策理論」（Interactive Decision Theory），在當時主要的學者是匈牙利裔的數學天才馮紐曼（John von Neumann）和美國經濟學家摩根斯坦（Oskar Morgenstern），他們於 1944 年出版的《賽局理論與經濟行爲》（Theory of Games and Economic Behavior）則被視是賽局理論的奠基之作，之後賽局理論在各個領域的應用迅速普及開來，並且經由一群偉大的數學家一再突破馮紐曼的格局，終於發光發熱，成為 21 世紀的顯學。

21世紀新顯學

從架構來看，賽局理論屬於一種研究方法，鑽研過程普遍使用數學和統計的概念，所以被視為是數學的分支，而任何學科都必須要有架構紮實的邏輯基礎，這部分由數學家幫我們完成，我們並不會特別去證明或理解，但是使用時必須瞭解相關限制與範圍。事實上，一些艱深的賽局問題解起來像是智力測驗，其解題過程常讓人暈頭轉向，讀起來著實枯燥乏味，但對數學恐懼害怕的讀者不用擔心，本書並不會使用到任何高深數學技巧，只是概念性的介紹，用最直覺、最人性化的鋪陳來帶出賽局理論的想法。

在此我們可以先給出賽局理論最通用的定義：「兩個或兩個以上的玩家（players）在理性的前提下，因追求己身目標而造成行為相互衝突而處於的一種對抗狀態。」但對抗狀態最後的穩定結局是什麼呢？賽局稱之為「均衡」，不同的賽局有不同的均衡，甚至同一個賽局，用不同的觀念解釋出的均衡也不一樣，這就是賽局迷人的地方，本書都會一一介紹。

諾貝爾獎光環的加持

從 1950 年代起，雖然賽局理論已逐漸成長壯大，但讓其揚名立萬的最大功臣莫過於賽局專家分別獲得 1994 年跟 2005 年諾貝爾經濟學獎，除了宣告了經濟學家正式認同賽局理論成為主流研究方法的時代來臨外，傳媒的推波助瀾讓更多人認識到這門學科的重要性。很多人會感到奇怪，賽局跟經濟學又有何關聯？何以能榮頒經濟學獎呢？這其實是因爲賽局理論的提出解決很多經濟學的問題，算是一種研究經濟學的新途徑，而在各大專院校 EMBA 課程，賽局理論甚至成爲董事長、總經理們搶修的學分，現今在政治學、軍事學、法律學甚至生物學各領域，賽局理論也都已經是被普遍接受的分析工具和語言。

本書架構

本書共分八章，見架構圖1-1，第一章除了1.1介紹賽局緣起外，其他都是介紹賽局的幾種重大分類，不同形式的賽局有不同的研究途徑，最重要的是1.7所帶出的靜態賽局和動態賽局，這是一般教科書也是本書所依循的主要分類。

從第二章到第六章都是靜態賽局的介紹，第二、三章的囚犯困境賽局堪稱是發展最成功、應用最廣泛的賽局模型，例子在你我周遭俯拾可得。而四、五、六章則也是經常會遇到的類型，在特定領域有他發揮的空間。第七章介紹的動態賽局雖然只有短短一章，但其凝聚了人類千年以來的智慧經驗，尤其搭配台灣近年來的時事應用，更可以讓讀者心領神會賽局的奧秘。最後第八章是我們特別提出的一個，一般賽局入門書不會介紹，這是有感於太多人知道賽局理論，但卻只知其一，不知其二，在使用上是似是而非，完全誤用了這門學科，點出他們的錯誤可以特別凸顯出賽局應用的限制。

第一章　人生無處不賽局		
第二章　囚犯困境賽局		
第三章　囚犯困境賽局的解套		
第四章　趨同選擇賽局	→	靜態賽局
第五章　趨異選擇賽局		
第六章　其他賽局		
第七章　你來我往機關算盡	→	動態賽局
第八章　賽局反思		

圖1-1　本書架構

1.2 團結力量大，合作無間其利斷金

相信大家都到過綠島跟蘭嶼玩過，如果要走海路，最快的方法是從台東搭船。而目前此航線只有四家民營交通船業者。有趣的是，這四家業者有時會採聯營的方式，有時又恢復獨自營運，爲什麼呢？這其實牽涉到賽局的最基本分類：「合作賽局」跟「不合作賽局」。

同心協力的合作賽局

什麼叫採聯營呢？參考圖1-2，玩家首先要討論經費負擔和利潤分配方式，如果大家都同意，就形成聯盟，就是四家業者協議排班方式與票價，等同於一家經營，也不用再互搶客人，賺得的利潤根據協議分配，這就是一種合作賽局。更仔細一點

講，這種賽局的重點在於能協商出有拘束力的契約使所有玩家都遵守，以達成共同的目標，例如整體共同報酬最大化、增加市場佔有率、或是降低整體成本等。

所以形成聯盟是合作賽局的第一件事，而接著成員會不斷檢討聯盟運作跟分配到的利益是否公平，這涉及到聯盟是否穩定而不至輕易破裂，如果都可以接受，合作賽局就會持續下去，如果有一方無法接受就會退出，大部分成員都退出時聯盟就會瓦解掉。前面提到的四家交通船業者其實常常聯營又破局，就是彼此互信不足，聯營機制未做妥善規劃，才會經常演出分分合合的戲碼。

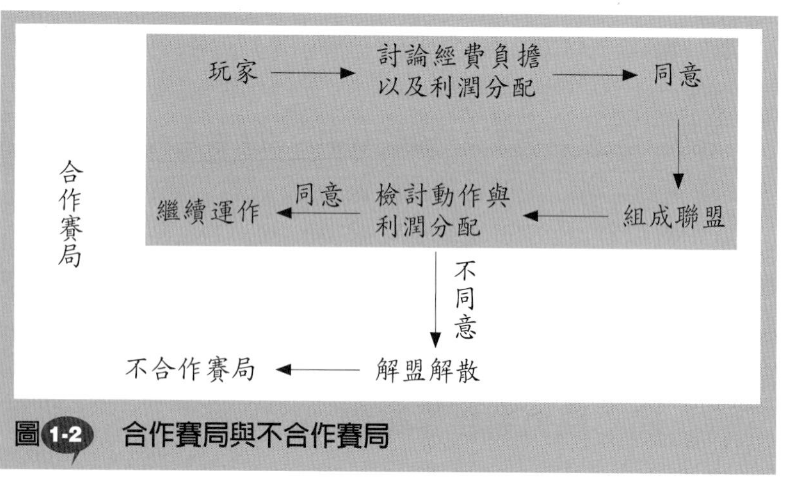

圖1-2 合作賽局與不合作賽局

合作賽局

不合作賽局

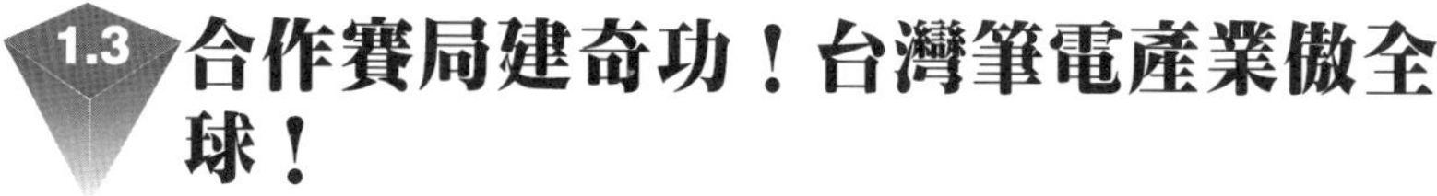

1.3 合作賽局建奇功！台灣筆電產業傲全球！

接著，我們介紹一個成功的合作賽局實例：筆記型電腦產業的合作賽局。

聯盟扮推手

目前台灣筆記型電腦產業傲視全球，但讀者可能不知道，在發展之初，由於技術與人才缺乏，關鍵組件取得困難。爲克服這些困難，工研院遂提出「筆記型電腦共同機種計畫」，希望利用共同機種來降低業者的投資風險。1990 年 6 月成立「筆記型電腦共同開發聯盟」，共有46家資訊電子廠商參與共同開發。共同機種計畫是採三方合約架構，由工研院、電工器材工業同業公會及每家會員廠商，共同簽署一份合約。依照合約規定，所有經費中 50% 交工研院電通所，45% 交三方組成的共同開發委員會，5% 交公會，作爲運作經費。該開發聯盟最終推出3個型號的筆記型電腦，其功能及配備齊全，不但足以媲美美、日廠商機種，某些功能更凌駕其上，而這次的成功也奠定台灣筆記型電腦產業。

破局！

由於第一代筆記型電腦聯盟的成功，工研院擬繼續籌組「第二代筆記型電腦開發聯盟」，但可惜因爲分攤之參與費用談不攏而宣告破局。從這裡可以看出一個成功的合作賽局，必須要廠商願意加入、對義務的分擔和權利的分配都能接受方有可能。

1.4 勾心鬥角，斤斤計較的不合作賽局

1.2 中的聯營機制一旦崩潰之後，怎麼拉到客人就各憑本事了，在服務的品質相去不遠之下，價格是否犀利就相當關鍵。例如四家業者都面臨是否降價，甚至降價多少的考量，降的多做白工，降的少又拉不到客人，四家業者都同樣心思，因此陷入一場混戰，這就是標準的不合作賽局，大家都從自身利益出發，且必須考量對手們的反應，爾虞我詐。

各懷鬼胎的不合作賽局

假設有「乘風破浪」跟「白龍王」兩家業者爲爭奪客人而考慮是否降價，根據業者的經驗，最好的情況是我降得最低，將吸納所有遊客，自己賺翻，別人苦哈哈。如果大家都降成一樣的價格，遊客還是隨機選擇業者，只有收入降低的效果而已。但是光是這樣講，我們並不能夠清晰分析這個賽局，所以賽局專家教我們利用「報酬表」來表達賽局，如表1-1所示，這個表有三大重點：分別是玩家、行動跟報酬。

 報酬表化繁為簡，直擊問題核心

玩家是標明參與賽局的人的身份，比如說在這邊有乘風破浪跟白龍王二家業者。而此二家都有二種行動：降價或不降價。表1-1左方是乘風破浪的二種可能行動，上方是白龍王的二種可能行動，而表1-1的幾個數字組合就是表達二家業者特定行動組合的報酬，如乘風破浪降價，白龍王也降價，則雙方的報酬就是（400，400），括號中前者數字是乘風破浪的報酬，後者是白龍王的報酬。同理，如果乘風破浪降價，白龍王不降價，則雙方的報酬就是（500，375）。

表1-1 交通船業者的降價賽局

		白龍王	
		降價	不降價
乘風破浪	降價	（400，400）	（500，375）
	不降價	（375，500）	（450，450）

 解讀報酬表

最後，在完成報酬表後，重頭戲就是分析到底玩家會怎麼決定自己的行動。賽局理論假設玩家都想辦法追求自身報酬的最大，或者是在一些條件下（如風險不要太大）追求報酬的最大，這個假設頗符合現實觀察。而在追求過程中，本身的報酬也決定於對方的行動，而玩家也知道對方也想追求報酬極大，

所以玩家常常要這樣推敲：「我走這一步，對方會怎麼行動？而一旦對方這樣行動，我又該怎麼因應？」，總而言之，站在對方立場思考事物是賽局理論的特點之一，關於這點，我們會在下一章中正式介紹。

見微知著

在聯營的例子中，原本是有四家業者，但類似表1-1的報酬表，爲了最佳視覺效果，設計上最多就是二家，那其他二家怎麼辦？其實由於大家都是追求利潤最大，都是理性的廠商，所以任二家廠商放到報酬表中分析的結果都是一樣，比如說表1-1如果得到乘風破浪跟白龍王都是降價，則代表全部四家業者都會降價，這點相當重要，因爲往後我們幾乎都是如此處理多位玩家的賽局。

分析的極限

1.4 舉的交通船合作賽局是四人賽局，我們提到可以用二人賽局簡化分析，但也不見得每個賽局都可以如此處理，例如接著要介紹的堵車賽局。

塞！塞！塞！

年關將近，又是返鄉團圓的日子，相信讀者都有在過農曆年外出堵車的經驗，堵車的時段可能在假期結束前一天或兩天，而大多數人心中會猜測：「假期即將結束，其他人怕最後一天假期塞車，應該在最後第二天上路，因此我就要避開這個時段，所以我要在最後一天或最後第三天就上路……」，此時賽局是由成千上萬個用路人組成，規模龐大自不待言。理論上人數越多，賽局越複雜，也很難用報酬表來分析。

賽局理論力有未逮

根據經驗，曾經出現大家最認為會塞車的時段反而一路順暢，而最不會塞車的時段卻塞爆了，這是因為用路人的猜測都一致，比如都猜最後一天會塞車，所以最後第二天上路，結果大家都這樣想就塞住了。但也曾經出現每天車流量都順暢的情況，這代表用路人的猜測不一致，分散車流，結果一路順暢，因此當賽局玩家越多時，就越難清晰歸納出一個完整、簡潔的結果。

1.6 你死我活或共創雙贏？

賽局理論另一個重要分類是「零和賽局」和「非零和賽局」。零和賽局意味著所有玩家的報酬總和為零，比如說在網球比賽中，如何決定誰先發球呢？慣例上是由其中一位選手將球藏在手中，對手則猜測球藏在左手或右手，猜中則搶得發球權。表1-2是「網球王子」跟「拍神」的發球權賽局報酬表，由網球王子藏球，拍神猜，如果網球王子藏在右手，拍神也猜右手，則網球王子報酬得-1單位，拍神報酬得 1 單位，但兩人報酬總和為 0 單位。其他的行動組合可輕易類推，注意兩個人的報酬總和永遠為 0。

表1-2 網球發球權賽局

		拍神	
		右手	左手
網球王子	右手	（-1，1）	（1，-1）
	左手	（1，-1）	（-1，1）

不是你死就是我亡

所以這種賽局己之利得即對手的損失，白話一點就是只有一塊固定的大餅，由雙方分食，一人多吃就一人少吃，其利益衝突明顯直接，「你死我活」特徵十分突出，完全沒有轉圜的空間。而前述的猜拳賽局也是零和賽局，不是平手就是一人贏、一人輸，相當極端。此種賽局在政治學上的應用相當廣泛，比如說在國會席次上，泛綠多一席就意味著泛藍少一席，若以時下最流行的語彙來說，應可稱為「紅海」賽局。零和賽局是「常數和賽局」的特例，所謂常數和代表玩家的報酬之和為一常數，當此常數為零時就特稱為零和賽局，而相對的即稱為非常數和賽局。讀者可以想像，常數和賽局的本質和零和賽局一樣，玩家你爭我奪，毫不退讓。

藍海世界，攜手共創雙贏

零和賽局雖然簡單易懂，不過在眞實世界中的運用卻相當有限，更多數的賽局屬於「非零和賽局」，可能玩家同時選擇某行動時，彼此的報酬可以同時提高或降低，存在著雙贏的可能性。例如表1-1的交通船業者降價賽局，白龍王跟乘風破浪如果都願意選擇不降價，他們的報酬總和是 900 單位，比起都選擇降價的報酬總和 800 單位來得好，此時如果有個方法讓他們都願意堅持不降價，就可以創造雙贏。

1.7 哈米，猜拳選總統？

爲了爭奪 2008 的總統大位，民進黨諸天王在 2007 年的農曆春節間競相走春、拜廟、測試基層人氣，而由於競逐者衆，陳水扁總統語出驚人：「協調不成就擲筊決定」，引起黨內議論紛紛，甚至有黨內立委表示：「黨內天王都是一時之選，猜拳決定也可以」。

一翻兩瞪眼的靜態賽局

擲筊就是藉由擲出筊，由二個筊躺在地上的形狀來請示神明的旨意，但擲出的人無法決定筊躺在地上的形狀，所以不是賽局理論所能探討的。但是猜拳就妙了，猜拳的人可以決定自己要出剪刀、石頭或布，對手也一樣，這是標準的賽局，其重要組成包括：

1. 玩家：民進黨四大天王
2. 行動：剪刀、石頭、布
3. 報酬：贏的人得 1 單位，輸的人得 -1 單位，這是個零和賽局，而四個人的報酬表相當複雜，實務上大家也知道，四個人猜拳要分出勝負不太容易，可能要經過幾個回合勝負才會揭曉。在此我們先以蘇貞昌院長跟謝長廷前院長爲例，寫出1-3的報酬表，讓讀者更熟悉報酬表的表達方式。

表1-3　猜拳賽局

		謝長廷		
		剪刀	石頭	布
蘇貞昌	剪刀	(0，0)	(-1，1)	(1，-1)
	石頭	(1，-1)	(0，0)	(-1，1)
	布	(-1，1)	(1，-1)	(0，0)

對有心角逐的天王來說，這種猜拳決定候選人的方式實在太過刺激，四個人一出拳就一翻兩瞪眼，瞬間就晉級或敗下陣來，要台灣下屆總統是這樣產生也太過匪夷所思，而這種一翻兩瞪眼的賽局形式就稱爲靜態賽局，是賽局的兩大種類之一。

所謂靜態賽局是玩家同時行動且只玩一次，所以玩家在選擇自己的行動時不知道其他玩家的選擇。例如，表1-3中的雙方必須同時出拳，不可能一方先出拳，另一方再做出決定。

 你來我往的動態賽局

猜拳決定人選被視爲太過兒戲不可行，四大天王決定合縱連橫，爭奪出線機會。假設似乎是陳水扁總統屬意的民進黨主席游錫堃跟呂秀蓮副總統率先結盟，藉由黨機器跟元首的行政奧援衝刺，而蘇貞昌院長跟謝長廷前院長見狀也考慮是否結盟對抗。這類賽局玩家行動有先有後，先行動的人想要制敵機先，後行動的人則是見招拆招，你來我往，相較於一翻兩瞪眼的靜態賽局，這種賽局稱爲動態賽局，而整個賽局的流程，可以很直覺的表達爲圖1-3，此稱爲樹枝圖，是動態賽局的主要分析工具，由最左邊開始，呂游決定要不要結盟，之後蘇謝再決定，關於樹枝圖的解讀，我們在第七章會有詳盡的介紹。

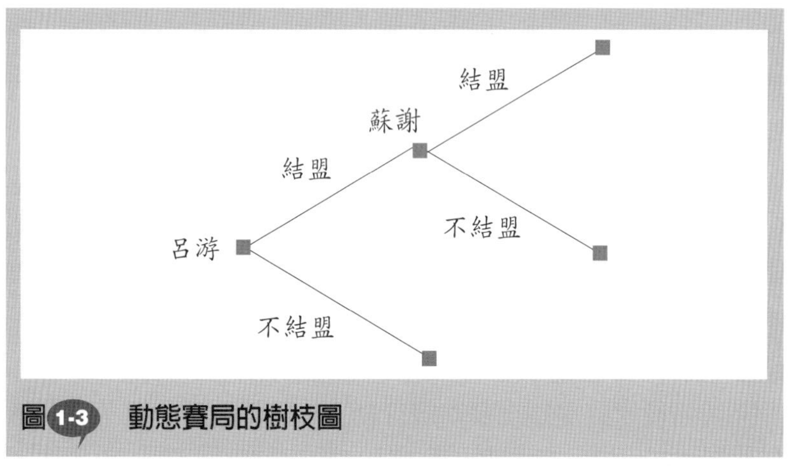

圖1-3 動態賽局的樹枝圖

另一種動態賽局是結構上雖屬靜態賽局，但是玩家重複玩很多次，比如說猜拳賽局，小時候以猜拳決定勝負，有時是以

猜三拳決定，二勝一負或三勝者贏得賽局，或者像1.2的交通船業者，因為有旅遊淡、旺季之分，所以他們會在淡旺季開始時決定要不要調整價格，這樣一年就有二次調價的賽局，玩很多次將導致靜態賽局結果發生重大轉變，這是近年來賽局理論的重大發現之一。

1.8 局中局 計中計

為了方便，我們往往只單獨分析一個單純的賽局，但是前面的幾種賽局分類，合作賽局跟不合作賽局、靜態賽局跟動態

賽局或者零和跟非零和賽局，可不可能同時存在於一個更大的賽局之中呢？答案是可以的，而且同時存在多種賽局才是現實環境中常出現的樣貌，本書介紹的賽局反而是爲了讀者了解相關觀念而特地簡化的基本賽局。

局中有局

比如說前文介紹的四大天王競逐大位，在初選階段當然是不合作賽局，每個人都想脫穎而出，擊敗對手，而此也是零和賽局，畢竟總統候選人只有一位。但是根據民進黨的傳統，一旦某個人選獲得提名，則其他落敗的天王在總統大選期間勢必會鼎力相助，這又形成一個合作賽局，也是非零和賽局。但在此同時，與泛藍的候選人又形成泛綠、泛藍兩大陣營間的不合作跟零和賽局，這是所謂的局中局。

當然，靜態賽局和動態賽局也是可以並存在一個賽局中，比如說圍棋比賽，總是要先決定由誰先攻，誰先守，這可以由猜拳決定，所以是靜態賽局，而一旦決定完後，攻守雙方則各出奇招，攻防激烈，這又是動態賽局。

1.9 知己知彼或一知半解？

當我們完成前述的報酬表時，代表玩家對自己跟對手的行動和報酬都了然於胸，沒有不確定性，特稱爲「完全訊息賽局」。

分析難上加難

不過，現實環境中所有的訊息都清楚反而是罕見的，若有其中一項資訊不確定就稱為「不完全訊息賽局」，那這對報酬表有何影響呢？我們還是以交通船的業者為例解說。比如說 1.4 中的白龍王老闆其實本來是乘風破浪的會計經理，後來跟老闆鬧翻而自立門戶，所以他對乘風破浪的虛實相當清楚，但乘風破浪則不太瞭解白龍王的成本結構，只知道可能是高成本或低成本的廠商。在表1-4中，白龍王多了高成本跟低成本的部分，跟表1-1比起來似乎差別不大，但是討論起來卻是麻煩許多，這已經是高階賽局理論的課題了。當然，這還算訊息缺乏不甚嚴重的情況，在現實生活中的賽局可能訊息更少，不僅不清楚玩家的報酬，可能連對方的成本、行動也一無所知，甚至連玩家有幾個都摸不清，此時架構賽局便有相當難度，這也是賽局理論目前遇到的瓶頸，有待學者們持續努力。而基於本書的入門性質，我們只討論完全訊息賽局。

表1-4 不完全訊息賽局

		白龍王			
		（高成本）		（低成本）	
		降價	不降價	降價	不降價
乘風破浪	降價	（400，350）	（500，375）	（400，400）	（500，400）
	不降價	（375，370）	（450，400）	（375，500）	（450，450）

 賽局分類

最後，我們歸納賽局的幾種最常見分類，並比較他們的異同，方便讀者分辨。

表1-5 賽局分類

賽局分類	差異
合作與不合作	合作：玩家協議出遵守的規則 不合作：玩家各自出招，諜對諜
靜態與動態	靜態：玩家同時出招 動態：玩家出招互有先後
二人與多人	二人：玩家只有二位 多人：玩家有多位
零和與非零和	零和：玩家的報酬總和一定為0 非零和：玩家報酬總和不一定為0
完全訊息與不完全訊息	完全訊息：賽局三大要素都相當清楚 不完全訊息：賽局三大要素有一個以上（含）不清楚

囚犯困境賽局

2.1 道義放兩旁，利字擺中間

本章開始，我們將逐一介紹幾個最常見的賽局，首先當然是名聲最響亮，也被視為賽局理論入門教材的囚犯困境賽局。這個賽局自 1950 年代發展出來後，迅速應用在各個領域，成功的模擬並解釋各式各樣的衝突局面，顯示其強大的延展性與適用性。

囚犯困境賽局講述了一段殺人越貨的悲慘故事：富可敵國的「富比世」被殺害了，警察根據線報抓住了神偷、怪盜兩名慣竊，並起出了從富比世那盜走的財物，證據確鑿。但嫌犯拒不認罪，辯稱他們是先看到富比世被殺，然後才偷走了一些財物，於是警察將他們分別關在不同的牢房裏審問。檢察官苦無兩人殺人證據，於是分別告訴神偷、怪盜兩人：你們竊盜罪證確鑿，至少要判一年，但我跟你們作一個交易，如果你認罪殺人，而你的同夥不認罪，我就將你不起訴，無罪釋放，而你的同夥將求刑 8 年。如果兩人都認罪殺人，則都求刑 6 年，如果神偷、怪盜均不認罪，只能以竊盜罪求刑1年，所以此一賽局的報酬表如表2-1所示。

表2-1 囚犯困境賽局

		怪盜	
		認罪	不認罪
神偷	認罪	(-6，-6)	(0，-8)
	不認罪	(-8，0)	(-1，-1)

2.2 別無選擇的優勢策略

我們先以神偷爲例，看看他面對這個賽局，該怎麼行動對自己最有利。從表2-1可以看出，假設怪盜選擇認罪，此時神偷選認罪，將被關 6 年；如果神偷選擇不認罪，將被關 8 年，所以神偷左思右想，會選擇也認罪獲得較輕的刑期。如果怪盜選擇不認罪，此時神偷選認罪，將被無罪釋放；若神偷選擇不認罪，將被關1年，所以再次的，神偷還是會選擇認罪。上述分析說明，不管怪盜的決策爲何，神偷認罪的報酬都比不認罪來得好，所以想當然爾神偷一定會選擇認罪，此時稱認罪是神偷的「優勢策略」，而不認罪就是「劣勢策略」，因爲不管對手怎麼做，不認罪的報酬總是較低。

人同此心

同理，相同邏輯也可知道認罪也是怪盜的優勢策略，我們可以合理推測兩人都會選擇認罪，當每一位玩家都採取優勢策略時，我們稱此賽局的均衡爲「優勢策略均衡」。這種均衡顯然相當直覺，每個玩家在不管他人的決定爲何情況下，就可以單獨決定自己的最適行動，所以最後兩人都選擇認罪的策略，（認罪，認罪）成爲優勢策略均衡，而均衡的結果爲（-5，-5）。

注意分析角度

在此我們特別提醒，很多初學賽局理論的人經常有個疑惑，他們看到表2-1，對均衡是（認罪，認罪）感到百思不解，因為明明（不認罪，不認罪）的報酬就比較好，為什麼兩人不選這個組合？會這樣想是因為站在第三人的角度來看，這就不符合賽局的精神-要設身處地，以玩家的角度來思考。如果知道要這樣思考，就可以知道兩人都有動機背離（不認罪，不認罪）這個組合，那當然就不會是個均衡。

均衡的奧義

這裡我們再補充一下均衡的想法，很多學科都有均衡的概念，其意義都相去不遠。在經濟學上，均衡意味著在某個價格下，供給量跟需求量相等，此時價格沒有再變動的誘因。相同的邏輯可以套到神偷和怪盜的選擇，當他們同時選擇認罪後，沒有一方有獨自偏離的誘因，因為那只會讓自己的報酬值降低。而假定兩人原先約定都不認罪，但面對這個約定，兩人都有背叛改採認罪的動機，這樣可以使自己的報酬值更高，因此（不認罪，不認罪）就不會是個均衡。當然，（認罪，不認罪）、（不認罪，認罪）也不符合均衡的概念。關於均衡的進一步介紹，在後文我們會繼續討論。

並不是所有以囚犯為故事背景的賽局都稱為囚犯困境賽局，之所以成為有趣的賽局是因為兩個囚犯各有其優勢策略，都是認罪，且均衡結果會是兩者最不願意看到的結局，如果雙

方能堅持不認罪，其兩人的報償都可改善，在此我們特稱不認罪是此賽局的「合作解」。囚犯困境賽局雙方在決策時都以自己的最大利益 出發點，但結果卻是無法實現集體最大利益，反應了個人理性與集體非理性的衝突，至於該怎麼擺脫這個困局已成爲賽局論專家最有興趣的任務，我們在下一章將再回到這個問題上來。

2.3 柏拉圖最適效率與柏拉圖改善！

表2-1還有很多有趣的想法，比如說，讀者可以注意到，假定原先均衡是（認罪，認罪），報酬是（-6，-6），若能使雙方的均衡改爲（不認罪，不認罪），報酬爲（-1，-1），這是唯一一個雙方的報酬都改善的情況，因爲如果改成其他兩種狀況，（認罪，不認罪）或（不認罪，認罪），都有一人報酬改善，一人報酬惡化，所以我們稱（不認罪，不認罪）是具有柏拉圖最適效率的組合，而誘導囚犯從（認罪，認罪）改爲（不認罪，不認罪）的過程稱爲柏拉圖改善。

 都是柏拉圖

注意的是柏拉圖最適效率的提出者是的 19 世紀的義大利經濟學家兼社會學家柏拉圖（Vilfredo Pareto），很多人誤解爲另一位相同譯名的古希臘哲學家柏拉圖（Plato）。柏拉圖最適效率的想法在經濟學佔有相當重要的地位，這是因爲經濟學是探討如何對有限資源做最有效率的應用，而柏拉圖最適效率正代表整個經濟體系已經找不到更好的方法來生產商品或分配資源（讀者可想成在表2-1中，（不認罪，不認罪）的報酬總和是所有組合中最高的。），這簡直就是經濟學家夢寐以求的理想境界。但要注意，柏拉圖最適效率只是價值判斷的其中一種，經濟學還有另一個「公平」的想法，這兩個想法有時會互相牴觸，有時不會。比如說，一般認爲資本市場運作是較有效率的

經濟運行方式，但是帶來的貧富不均卻常被認爲不公不義。而共產主義雖然看似公平，但吃大鍋飯的方式卻是極度沒有效率。而另一方面，如奉行資本市場運行，再配合稅制的輔助，是有可能同時兼顧效率和公平。

窩裡反策略！

延續 2.1 的討論，讀者可以發現，藉由認罪得到減刑是導致囚犯陷於困境的主因，這個雖然對罪犯不利，對善良老百姓可是好消息，國內的司法制度在 2000 年有重大改革，首度引進「污點證人」制度，依證人保護法第十四條第一、二項規定：「……，於偵查中供述與該案案情有重要關係之待證事項或其他共犯之犯罪事證，因而使檢察官得以追訴該案之其他共犯者，以經檢察官事先同意者爲限，就其因供述所涉之犯罪，減輕或免除其刑」。這個作法目的就是要造成認罪的報酬得以提高，所以又稱爲「窩裡反條款」。

寬恕政策

另外，在公平交易法的概念中，也有類似上文誘導犯人認罪的制度，稱爲「寬恕政策」。公平會對打擊聯合哄抬物價的廠商向來不遺餘力，而若能策反其中一二家廠商，若其能自動認罪，將給予寬恕減輕刑責，藉此「破解」犯罪共同體的心防，瓦解犯罪共同體成員間默契。台灣的公平會首度在 2006 年

引用該政策，對中部地區 13 家瓦斯分裝業者採取不當聯合行爲進行處罰，其中對坦承參與「聯合行爲」、並舉證他人違規的業者減輕處罰，對案件偵辦有不小助益。

2.5 產能過剩，問題多多

上一節用的是囚犯困境架構說明政府如何破解聯合行爲廠商的犯行，但其實即使政府沒有介入，這種聯合行爲先天上就不容易持久，要解釋這個現象，用的也是囚犯困境賽局，只是從另一個角度切入。它的基本想法是，如果將一群約定高價販售的廠商比喻爲慣竊，而私自低價銷售的行爲類似「認罪」，堅持高價的爲「不認罪」，所以囚犯困境告訴我們這種聯合行爲先天上就有自動土崩瓦解的缺陷，接著我們就以卡特爾（cartel）的瓦解宿命來分析。

在經濟學上，卡特爾是指一種團體，它由產業中的幾家大公司所組成，負責控制交易秩序，包括產量和價格，如果交易秩序脫離預期，就藉由增產或減產來控制價格，由於這可能傷害消費者利益，所以是各國政府查緝的首要目標。然而，有一個卡特爾組織卻是無人能夠制裁，這就是地球上最出名的 OPEC，全名是石油輸出國家組織，他們生產原油，賣到世界各地，並且約定各成員產量，將價格控制在一定區間，一旦油價有崩跌危險，就開會討論減產方案，再交由各國執行。不過，讀者可曾注意，這個組織的運作其實有點兩光，常常聚會討論減產計畫，卻總是被分析師唱衰吐槽，而後果然也是減得零零落落，價格自然下跌，最後各成員國再交相指責對方沒有確實履行協議，不了了之。那爲什麼各國不同心協力確實減產呢？囚犯困境賽局可以幫我們解答這個問題。

假設 OPEC 其中的兩個成員國「麥克麥克」跟「錢多多」正考慮履行減產協議，他們都可以選擇減產（合作）或增產（欺騙），如果大家都增產，利潤都降低，只有 400 單位。而如果遵守協議，利潤則有 450 單位。但最好是自己增產，對方卻減產，這樣自己獲得 500 單位的利潤，但對手因爲被擺道，利潤只剩 375 單位，這給了私下增產的誘因。在表2-2我們列出相關的利潤，如麥克麥克私下增產（欺騙），而錢多多乖乖減產（合作），則利潤爲（500，375），反之同理可推。若兩國均合作，則利潤爲（450，450），若兩國都欺騙，則利潤爲（400，400）。根據表2-2可以輕易發覺欺騙是優勢策略，（欺騙、欺騙）是優勢策略均衡，顯然二國都會選擇欺騙。而由這兩國的行爲可以推論到全體會員國，所以大家都陽奉陰違，揆諸其因，「產能過剩」是罪魁禍首！這是目前解釋卡特爾爲何總是難逃分崩離析最有力的論點。

在現實環境中，欺騙未必會被立刻發現，尤其是 OPEC 成員中的小國家因爲產量較小，即使偷偷增產，價格波動幅度不大，不易被抓包，雖增加自身利潤，但影響其他成員利潤不大，所以欺騙誘因更大。不過一旦出現需求走緩，難以支撐油價時，一些大國也會加入增產行列，價格更迅速走跌，大家只好拼命增產先撈一筆再說。

表 2-2 OPEC 的減產賽局

		錢多多	
		欺騙	合作
麥克麥克	欺騙	（400，400）	（500，375）
	合作	（375，500）	（450，450）

2.6 醫生的窮途末路?!

台灣的健保制度實施以來，每隔一陣子就有醫療院所跳出來喊窮，經營不下去了，而也每隔一陣子就傳出調漲健保費的風聲，引來民眾破口大罵。2005 年 4 月 20 日，甚至有超過兩萬名基層診所的醫生護士舉行大規模的遊行，其訴求是反對現行健保總額制度，造成診所生計困難，難以爲繼。但爲什麼健保總額制度會造成診所收入銳減？入不敷出呢？

在 2002 年 7 月以前，健保給付制度係採「論量計酬制」，也就是醫院提供多少服務，健保局就給付多少錢，但卻面對給付金額的急速攀升。之後健保局見苗頭不對，將給付制度改採爲「總額預算制」，也就是健保局先訂定醫療給付總額，採浮動點值，讓所有醫院分食這塊醫療大餅。舉例來說， 假設某區域的一般門診服務預算是 100 億元，每個點值假設爲 1 元，則就有 100 億個點數，如果各醫院總服務量超過 100 億個點數，例如是 200 億個點數，那麼原本一個點數1元，就會降成 0.5 元。在這種情況之下，醫院拚門診量就不一定能獲得較高收入，因為別家醫院也會衝高門診量，如此總服務量提高的結果將會降低點數值，然而如果別家醫院衝高門診量、而自己卻持平，則是最糟的情況，不僅面對點數值降低，服務點數也少，所獲得的收入最低。針對這個狀況，我們可以用賽局理論來解釋為何診所也陷入囚犯困境而入不敷出。

參考表2-3，假設某地區有「藥到病除」、「神手佛心」兩家診所，兩家診所都可以選擇是否要衝高門診量，當大家都衝高門診量時，因為總服務量提高，但預算不變，所以點數值降低，彼此都可以收到 2 單位的收入。而如果雙方都相當節制，不衝高門診量，則可各獲得 3 單位的收入。而如果對方衝高門診量，而自己卻沒有動作，則對方獲得4單位的收入，自己只獲得1單位的收入。

表2-3 診所的衝高服務量賽局

		神手佛心診所	
		衝高	不衝高
藥到病除診所	衝高	（2，2）	（4，1）
	不衝高	（1，4）	（3，3）

根據表2-3，衝高是雙方的優勢策略，（衝高，衝高）則是優勢策略均衡，而均衡結果為（2，2），因此陷入囚犯困境，最後就是平均點值每況愈下。從實際資料來看， 2006 年第一季西醫基層平均點值為 0.9028，換句話說，診所做一塊錢的生意，健保局只約支付九毛，也難怪基層診所大嘆醫生難為了。

2.7 揩油不落人後？賽局理論說分明

自從中油實施浮動油價制度以來，稍稍緩解民衆對其與台塑石化聯合行爲的疑慮，在更早之前中油跟台塑石化總是每隔一段時間就來個聯合漲價，消費者哇哇叫，公平會也信誓旦旦要介入調查其中不法，在報紙上有很多學者嘗試從賽局理論的思維分析中油跟台塑石化的調價決策。底下這個報酬表顯示中油跟台塑石化二家油商的三種可能行動，分別是調漲 0.5 元、0.8 元和 1 元，但注意的是報酬的組成。

表2-4　油價調整賽局

		台塑石化		
		調漲 0.5 元	調漲 0.8 元	調漲 1 元
中油	調漲 0.5 元	(2，2)	(4，-2)	(6，-4)
	調漲 0.8 元	(-2，4)	(3，3)	(5，-2)
	調漲 1 元	(-4，6)	(-2，5)	(4，4)

在表2-4中，（2，2）代表中油及台塑石化同樣調漲 0.5 元之報酬。（-2，4）代表中油調漲 0.8 元、台塑石化調漲 0.5 元之報酬。因爲二大供油商之供油合約均訂有最低批售價格之牽制性條款，中油調幅高出 0.3 元，造成違約賠償損失及加油站流失，所以報酬爲-2單位。台塑石化因接收新加盟站，所以報酬增爲 4 單位。（3，3）代表中油及台塑石化同樣調漲 0.8 元之報酬，因漲幅較高，所以報酬亦較（2，2）爲高。（-4，6）

代表中油調漲1元、台塑石化調漲 0.5 元之報酬。因中油調幅高出 0.5 元，加油站流失更嚴重，所以報酬爲 -4 單位，台塑石化因接收更多新加盟站，所以報酬增爲 6 單位。（-2，5）代表中油調漲 1 元、台塑石化調漲 0.8 元之報酬。因中油調幅高出 0.2 元．同樣造成違約賠償損失及加油站流失，所以報酬爲 -2 單位，台塑石化因接收新加盟站．所以報酬增爲 5 單位。

表2-4的報酬表中，中油及台塑石化均有本身之優勢策略，且均爲調漲 0.5 元，所以最後優勢策略均衡爲（調漲 0.5 元，調漲 0.5 元），優勢策略均衡結果爲（2，2）。這個均衡倒是可以成爲業者爲漲價脫罪的不錯理由，因爲雙方都傾向調漲最低額度，漲幅過高只會讓對手有機可乘。

2.8 公說公有理，婆說婆有理之草民篇！

2.7 這個賽局顯示油商爲了市場競爭考量，是不太可能爲追逐暴利而哄抬油價。有趣的是，在賽局理論廣爲人知後，公平會首度引用賽局理論認定中油跟台塑石化涉及不當聯合行爲。而二大油商也不甘示弱的反擊，他們的論點主要就是利用表2-4的結論，根據報載，（資料來源：聯合新聞網，2004 年 10 月 15 日），業者的反駁是：「油品業者同意，賽局理論最具解釋寡佔市場競爭決策過程的說法。也就是，當一家公司降價時，另一家必然跟進，否則就會失去市場，雙方的售價自然趨於均衡；而當條件成熟，例如近期全球油價大漲時，有一家業者基於反映成本或爲獲取更大利潤而調漲售價時，另一家也會跟著漲價。這種價格趨於不相上下情況，是市場力量促成，並無聯合行爲，自然也沒有違反公平交易法的情事。」

引喻失義

這段話講的有點饒舌，而且陳述不夠精準，搬石頭砸自己的腳，輿論就是質疑兩家業者獲取暴利，怎可又說「有一家業者基於反映成本或爲獲取更大利潤而調漲售價時……」，但從字裡行間我們知道民營業者要表達的意思，就是貿然漲價只會圖利對方，爲了完整分析其想法，我們先寫下表2-5的報酬表，這個表雷同表2-4，只不過行動精簡爲漲價和不漲價，其有如表2-1的囚犯困境賽局，不漲價是均衡結果，也是對雙方都最不利的狀況，而當有一方漲、一方不漲，則對漲價者而言是賽局中損失最慘重的一方，所以可以證明台塑石化和中油不可能有聯合漲價行爲，雙方都有背叛的誘因。因此如果雙方都會漲價，必然是因爲成本不堪負荷，導致不漲價虧損甚至高於漲價，關於此點我們另以表2-6來說明。

表2-5　成本低於價格的油價調整賽局

		台塑石化	
		不漲價	漲價
中油	不漲價	(-6，-6)	(6，-8)
	漲價	(-8，6)	(4，4)

假設由於原油飆漲，若油商仍不漲價，出現成本大於價格，賣越多虧越多的情況，則表2-6中雙方都不漲價都虧 10 單位，但值得注意的是，如果台塑調漲，而中油不漲呢？不同於表2-5，我們發覺台塑雖然因爲調漲導致客戶流失，但是畢竟價格大於成本，所以得到 2 單位的利潤，但中油就苦了，成本大於價格本來就虧，還要應付從台塑石化投奔過來的消費者，出現 20 單位的虧損，而若雙方都漲價，則各得 3 單位的利潤，則讀者可以驗證，表2-5出現漲價的優勢策略，最後有（漲價，漲價）的優勢策略均衡，當然最後並沒有出現這個情況，倒也不是賽局理論出錯，而是因爲中油爲國營企業，受到政府管制不得漲價，而台塑石化在知道中油只能選擇不漲價這個決定後，自然選擇漲價後得到較高報酬。

表2-6 成本高於價格的油價調整賽局

		台塑石化	
		不漲價	漲價
中油	不漲價	（-10，-10）	（-20，2）
	漲價	（2，-20）	（1，1）

從以上的分析可以看出來掌握精確的報酬是賽局的重要關鍵，報酬不同，最後的均衡也就不同，想要用賽局理論分析事物，蒐集資料的基本功掌握依然不能偏廢。而公平會的指控，我們會在後面繼續講解。

2.9 小茹的上學夢難圓！

2003 年，媒體披露南投縣民間鄉有一個六歲女孩小茹，家裡空有滯銷的山藥，卻賣不了錢好上學唸書，六歲的小茹只好每天看著別人上學。幸好，最後在一家大賣場主動收購山藥後，一圓小茹的上學夢，但台灣其實還有更多的小茹貧困失學，只能躲在陰暗的角落無助哭泣。

增加需求量，治標不治本

類似的農作物滯銷經常上演，包括香蕉、柳丁等等農作總在豐收價跌、欠收價高中循環，而滯銷時，政府最擅長作法就是推行「大家來吃××」運動，增加需求來拉抬價格，始終沒有辦法在制度面徹底解決這個問題。不過，爲什麼有些農民終生務農，絕對清楚自己增產將會造成供給過多而導致價格大幅滑落，但爲何還是會競相增產呢？這個問題可以用囚犯困境賽局來分析。

假設香蕉本期行情不錯，現在有「勞碌命」、「歹命人」兩位蕉農在決定要不要增產，這影響到下一期的產量。如果勞碌命增產，而歹命人不增產，則因行情不會太差，勞碌命的產量又多，所以得到 10 單位的利潤，而歹命人只能得到 1 單位的利潤。如果兩人都不增產，各得 3 單位的利潤，最後如果都增產，雖然行情下跌，但靠著衝量還可以得到 2 單位的利潤。表2-7顯示出增產是兩人的優勢策略，最後均衡是（增產，增產），均衡結果是（2，2）。這說明農民必須捨棄只會追逐搶種當紅作物的心態，否則將永遠無法逃脫囚犯困境。

表2-7　農民的增產賽局

		歹命人	
		增產	不增產
勞碌命	增產	（2，2）	（10，1）
	不增產	（1，10）	（3，3）

2.10 騎虎難下！菸酒商的輸人不輸陣

看到同學或同事們呑雲吐霧，快樂似神仙，你也會想要哈一根嗎？根據調查，青少年最易受到同儕的影響而接觸菸酒，政府也從學校、公司著手，禁止室內吸煙，或多或少減少模仿機會以及二手煙的危害。但在後來的修法中，菸酒管理法第三十六條及菸害防制法第九條也對菸酒商廣告做出更嚴格的規範，現在只有在幾個時段，才能出現在電視的廣告中，導致菸酒商廣告量縮減。不過，你可能不知道，這些法律其實是幫這些菸酒公司自囚犯困境中解套，爲什麼呢？

假設有兩家菸酒公司，「呑雲」跟「吐霧」，原本他們面對登廣告或是不登廣告兩種選擇，假設兩家皆不刊登廣告，因爲省去廣告成本，所以各自獲得 8 單位的利潤。而如果兩家都登廣告，則因有廣告成本，而各自獲得較低的4單位利潤。若只有呑雲公司登廣告，則呑雲公司獲得較大的市場佔有率以及較高的利潤，得到 10 單位的利潤，吐霧公司只得到 2 單位的利潤。

表2-8 菸酒公司的廣告賽局

		吐霧公司	
		登廣告	不登廣告
呑雲公司	登廣告	（4，4）	（10，2）
	不登廣告	（2，10）	（8，8）

從表2-8來看，登廣告是優勢策略，顯然大家都怕對手廣告，而自己沒有廣告，導致失去市場佔有率，所以只好咬著牙登廣告，這個結果與囚犯困境類似，即僅自利理性的行爲導致兩家廠商獲得他們都不喜歡的結果。

弄巧成拙

不過，政府的介入卻讓菸酒公司解套，因爲禁止廣告，讓菸酒公司別無選擇，只能不登廣告，而雙雙得到較高8單位的利潤，這個結局大概讓很多人都瞠目結舌了。也許政府的用意在於限制廣告，避免青少年受到吸引，但卻沒想到菸酒商因此省去昂貴的電視廣告，反而在更多平面媒體廣告，便宜且效果也不錯。這也告訴我們，政府立法不能矇著頭，自以爲是的想著要公平，要正義，但立法結果卻是出乎意料，反其道而行。

誰來蓋燈塔？

過去由於科技不發達，在茫茫大海中航行，燈塔的指引相當重要，但是燈塔可不會憑空出現，總要有人出錢出力來興建維護，但問題來了，誰要分攤經費？

在宜蘭一個臨海的小村落中，人人捕魚爲業，有「黑鮪張」跟「豆腐鯊黃」二位漁夫，有一天，村長分別拜訪二位漁夫，希望他們捐點錢蓋座燈塔，二人都有捐跟不捐二種選擇，二人都這樣想：「我不出錢，讓別人出錢，等燈塔蓋好，我一

樣也可以利用燈塔的光線」。於是二人都推說平常嫻熟海象，不需要燈塔，村長也無可奈何。如果用報酬表來分析，如表2-9所示，如果都捐錢蓋燈塔，魚撈保平安，得到 2 單位的報酬，而若我捐別人不捐，心中憤恨不平，得到 -2 單位報酬，搭便車者得到 4 單位的報酬。都不捐，燈塔蓋不成，回到原點，各得 0 單位報酬。所以不捐是優勢策略，（不捐，不捐）是優勢策略均衡。就這樣，人同此心，根本找不到人要出錢，當然蓋不成燈塔，最後村長只好跟縣長求助，由政府出資蓋燈塔並維護，解決這個問題。

表2-9　燈塔捐贈賽局

		豆腐鯊黃	
黑鮪張		捐	不捐
	捐	（2，2）	（-2，4）
	不捐	（4，-2）	（0，0）

 公共財與搭便車

燈塔有二個重要特色：一是一旦興建完成使用，出錢的人並不能阻止不出錢的人使用，畢竟光線就在那邊，要如何阻止別人不看？也就是無法遏止不出錢的漁夫「搭便車」。另外，當黑鮪張受到光線指引的同時，並不影響到豆腐鯊黃也受到燈塔指引，這跟我們消費麵包不一樣，某人吃了一塊麵包，另一人就沒得吃了。同時擁有這二個特色，經濟學上稱爲「公共財」，由於有搭便車的心態，導致公共財經常有提供不足的現

象，經濟學家傾向由政府提供來解決這個問題。

2.12 大魚不見了！

相較於公共財的提供不足困境，另一種完全相反的是公有地的資源濫用困境。這個問題首先由美國生物學家哈定所提出，其以 18 世紀新英格蘭地區很普遍的公共牧地爲例，居民可以放牧羊群，且每個人也被要求小心使用該草原。然而在沒有任何監督或控管機制下，每個牧人爲了讓自己的羊群可以多吃點牧草，都儘可能畜養更多的羊，吃更多的草，就這樣人同此心，牧地最後因過度放牧而遭到破壞，文獻上稱爲「公有地的悲劇」。

假設有蘇武跟蘇文兩位牧人，當蘇武增加畜養數目使用，而蘇文笨笨的聽從不要過度放牧建議，則由蘇武享有大部分利益，報酬爲 8 單位，蘇文爲 4 單位。若兩人都遵守建議，不過度放牧，各得 7 單位的報酬，若過度放牧，則因爲資源枯竭，只各得 5 單位的報酬。表2-11顯示，都增加放牧羊群是優勢策略，結果弄得草地荒蕪，大家都沒戲唱了。

表 2-11 公有地的濫用賽局

		蘇文	
		增加	不增加
蘇武	增加	(5，5)	(8，4)
	不增加	(4，8)	(7，7)

法律經濟學的濫觴

而這個賽局在經濟學上跟法律學上有很大的啓發，我們可以這樣想，之所以會造成大家競相壓榨地力，是因爲誰也無法管制誰的行動，但如果這塊牧地產權有明確的歸屬，那情況可就不同了。假設爲政府所有，且有相關單位負責管理土地利用，那使用土地的情況將會較爲節制有效率。而果是私人所有，比如說蘇武擁有這塊土地，則他可以租給蘇文，或對蘇文收取每一隻羊 1000 元的使用費，則蘇文絕對會精打細算，不會無限制的放牧，蘇武也會衡量收入跟使用成本，做妥善規劃。顯然財產權的定義不清將導致經濟運作的無效率，而牧人過度放牧引來資源枯竭稱爲放牧行爲的「負外部性」，由於同時涉及經濟學和法律學，因而促成一支法律經濟分析學門的勃興，目前已經是熱門的新顯學。

大魚不見了！

不僅是牧地，舉凡任何沒有明確財產權歸屬的公有地都可能面對這個問題，台灣曾經因爲在大西洋濫捕鮪魚，而在 2006 年遭到大西洋鮪類資源保育委員會的制裁，大目鮪的捕抓配額被大幅縮減。但在更多的公海魚撈作業中，各國爲自身經濟利益盡情捕捉，逐漸使海洋資源枯竭，這是人類要共同面對的困境，也因此，舉凡因遭濫用而日益匱乏的資源，都被經濟學家戲稱爲「大魚」。

2.13 侏儒巨人！

台灣的筆記型電腦產業是全球重鎮，幾家大廠商就生產了世界近八成的產量，堪稱此一產業中的巨人。但是，這麼多的筆記型電腦多數不是掛上自有品牌，而是賣給國際大廠，例如新惠普、戴爾、東芝等，然後掛上這些知名公司的品牌行銷全球。很多人問爲什麼不掛自己的品牌賣？這其中有很多原因，其中一個關鍵因素是，消費者已經習慣這些知名品牌的商譽和服務，很難接受一個名不見經傳的廠牌，即便他知道其實都是同一家廠商做的。

現在問題來了，雖然這些製造大廠生產很多產量，但賣給新惠普等公司的價錢如何呢？答案是出奇的低，低到見血見肉，慘不忍睹，爲什麼會這樣呢？難道這些大廠沒想到要聯手反制嗎？例如聯合漲價似乎是讓大家都有利可圖且可行的方式，但是何以台灣的廠商總是缺乏某種默契或者說是決心，導致總是被國際大廠各個擊破，然後流血接單，肥了這些國際大廠？究其原因就是陷入一囚犯困境。

我們假設廣達和仁寶正在爭奪一筆新惠普的訂單，則雙方的報酬表如下所示：

表2-12 筆記型電腦廠商的搶標賽局

		仁寶	
		低價搶標	維持高價
廣達	低價搶標	（1%，1%）	（3%，-1%）
	維持高價	（-1%，3%）	（2%， 2%）

報酬的解釋如下：如果雙方均低價搶標，則平分訂單，僅能得到 1% 的毛利率，而如果廣達低價搶標，仁寶維持高價，將由廣達囊括所有訂單，得到 3% 的毛利率，仁寶則沒有任何產量，但要負擔固定成本，所以得到 -1% 的損失。而如果雙方都能堅持高價，各得到 2% 的毛利率。再次的，這個賽局將使得雙方陷入囚犯困境，而事實也如我們所預測的結果一致，雙方都僅得 1% 的低毛利率。

2.14 勾心鬥角，領袖高峰會各顯神通(1)

亞太經濟合作會議 APEC 是台灣目前所能參加的國際組織中，最重要的一個，在一年一度的會議中，有個儀式是各國領袖高峰會，由各國領袖穿上主辦國的傳統服裝亮相，算是會議中的超大花絮。不過，由於中國打壓，台灣總統在歷年來的高峰會都無法親自出席，而是在中國的不反對下，指派具聲望的民間經貿人士，或是政治層級低的官員出席，有學者就以賽局理論來分析台灣跟中國在推派人選上的爾虞我詐。這個賽局我們會分三部分討論，一是現在的囚犯困境賽局，二是在重複賽局架構下，兩岸的互動是否衍生出新的模式？三是台灣唯一一次缺席的上海高峰會，但卻幫助民進黨在該年年底的立委選舉中大勝。

漢賊不兩立

爲了方便講解，我們適度簡化模型，假設台灣有推出高層級跟低層級人選兩種行動，而中國則有反對跟不反對兩種行動，而相關的背景可以先介紹如下：台灣以低層級官員代表出席是雙方都可以接受的底線，也被認爲有助於緩和兩岸緊張對峙，是對雙方都好的結果；但若中共軟土深掘，囂張的否決台灣以低層級官員出席高峰會，致使台灣再降低出席官員層級，對台灣而言是喪權辱國，是最壞的結果，對中國而言則是趾高氣昂，把台灣壓在地上踹，得分最高。相反的，如果台灣在得知中國不反對台灣指派的人選，卻偷渡派出高層級的代表，對中國猶如晴天霹靂，得分最低，台灣則是在國際間大大露臉，得分最高。最後，中國攔截台灣推出的高層級人選，雙方照例又是一陣口角，大家習以爲常，結果算是不好不壞。

有了以上概念，可以寫下這個賽局的報酬表：如果台灣推出低層級人選，中國不反對，各得 2 單位的報酬。台灣派遣低層級代表，而中國反對，台灣只得再度降低人選層級或無代表出席，台灣得 0，而中國得 3 單位報酬。台灣推出高層級人選，且中國不反對，是台灣一大勝利，得 3 單位報酬，中國得 0 單位報酬。最後，台灣推出高敏感人選，但中國反對，雙方僵持不下，各得 1 單位報酬。

表2-13 APEC 高峰會賽局

		中國	
台灣		不反對	反對
	低層級	(2，2)	(0，3)
	高層級	(3，0)	(1，1)

在這個賽局中，台灣的優勢策略是派出高層級人選，而中國則是反對，從而落入囚犯困境。但是，實際上台灣每年都推出低層級的官員與會，而中國也不反對，這是賽局理論錯了嗎？且慢，由於高峰會年復一年的舉行，在這個情況下，是會出現不同的互動模式，我們將在下一章中解釋。

太平洋海戰賽局

本章囚犯困境的探討重點是優勢策略，而在這邊我們可以討論一個很類似優勢策略的想法，稱爲弱優勢策略，接著我們就介紹有名的太平洋海戰賽局。

一方無優勢策略

在 1943 年二戰期間的南太平洋，日本木村將軍被指派運輸日本部隊到新幾內亞，而盟軍甘乃迪將軍則奉命找出並摧毀這支艦隊。木村將軍有航程較長的北方（需時三天）和較短的南方（需時二天）兩條路線可以選擇，而北方氣候惡劣，而南方則晴空萬里，由於甘乃迪將軍不知道日本採那條路線，其可以用偵察機去偵察，但是他們的飛機只足夠一次偵察一條路線，如果日軍的路線剛好是美軍首先偵察的路線，則美軍可以立刻派轟炸機攻擊，否則美軍將失去一天攻擊的機會，另外氣候惡劣的北方也會因爲視線不良，使轟炸機損失一天攻擊的機會，而這影響到其報酬，如表2-14所示，這是一個零和賽局，如果美軍偵察北方，而日軍也走北方，則美軍有兩天攻擊的機會，雙方的報酬是（2，-2）；如果日本走南方，美軍還是有兩天攻擊的機會，雙方的報酬是（2，-2）。如果美軍首先偵察南方，發現日軍正好走南方，可以有三天時間攻擊，這對日軍是最不利的狀況，雙方的報酬是（3，-3）；如果發現日軍走北方，則只能有一天的攻擊時間，這對日軍是最有利的狀況，雙方的報酬是（1，-1）。

表 2-14 太平洋海戰賽局

		日軍	
美軍		北方	南方
	北方	（2，-2）	（2，-2）
	南方	（1，-1）	（3，-3）

經過分析，我們知道美軍或日軍都沒有優勢策略。若 Kenney 認爲木村會選擇北方，他的最佳選擇就是北方，若他認爲木村會選擇南方，他的最佳選擇就是南方。而木村的選擇比較有趣，因爲他走北方的報酬雖不會都比南邊好（非優勢策略），但卻不會更差，所以我們可以稱走北方爲弱優勢策略，而南方爲弱劣勢策略，所以甘乃迪可以推測，木村一定會走北方，所以他也應該走北方，而事實上，（北方，北方）也是 1943 年的結果，在該年 2 月 28 日，木村往北方航線出發，而美軍的偵察機也在 3 月 2 日發現日軍艦隊，在經過猛烈轟炸後，日本艦隊被徹底摧毀。這個例子告訴我們，即使只有一方有弱優勢策略，則另一方知道對方必會選擇弱優勢策略，仍可以據此來決定最適行動。

2.16 擠兌大作戰

因力霸集團財務危機而導致中華銀行遭擠兌風暴，提款戶大排長龍甚至推擠拉的混亂場面令人心驚。雖然台灣近年來已少有這種金融危機，過去把錢堆成一座小山放在桌上，安定提款戶的信心的場景，相信不少人記憶猶新。出現擠兌自然是存戶信心不足，但人人爭先恐後提領，就算是體質再健全的銀行也會倒閉的。

現金是王

見表2-15，假設「肥油聰」跟「瘦皮強」兩人同時在錢坑銀行有存款，不巧錢坑銀行所屬集團爆發財務危機，連帶使得大家對錢坑銀行失去信心，為避免畢生心血化為烏有，連忙衝到銀行提錢。如果雙方都去提錢，錢雖領到，但損失利息，假設各得 1 單位的報酬。如果雙方都不去提錢，假設就沒有擠兌危機，銀行也不會倒，大家照賺利息，各得 2 單位的報酬。而如果肥油聰提錢，瘦皮強後知後覺，等到錢坑銀行錢都被領走後，瘦皮強血本無歸，欲哭無淚，得到 -1 單位的報酬。

表 2-15 沒有存保公司介入的擠兌賽局

		瘦皮強	
		提錢	不提錢
肥油聰	提錢	(1，1)	(2，-1)
	不提錢	(-1，2)	(2，2)

銀行不倒神話

在這個賽局中，提錢的行動一定不會比不提錢的行動差，所以是弱優勢策略，意思是比優勢策略稍微遜一點，因此知道兩人都會跑去提錢，而大家都跑去提錢一定會造成銀行錢不夠，危機於焉產生。而其實，如果兩人更理智一點，或許情況會改觀。瘦皮強不去提錢，最終得到-1單位的報酬，是因爲銀眞的倒了。但是衆所皆知，台灣的銀行是不可能倒閉的，首先有中央存保公司的背書，在 100 萬以內保證理賠。接著，金融重建基金（RTC）接管的銀行，也會保障存款戶的任何一毛錢，即便超過 100 萬也是一樣，所以賽局報酬要稍加修改，如表2-16所示，不提錢不會血本無歸，也不會損失利息，所以得到報酬 2 單位，而提錢損失利息，得到1單位的報酬。在這個賽局中，不提錢保證不會比提錢差，反成爲弱優勢策略，所以（不提錢，不提錢）成爲弱優勢策略均衡，如果二人夠聰明，就不用人擠人，擔心心血化爲泡影了。

表2-16 有存保公司介入的擠兌賽局

		瘦皮強	
		提錢	不提錢
肥油聰	提錢	（1，1）	（1，2）
	不提錢	（2，1）	（2，2）

囚犯困境的解套

面對囚犯困境這個令人困窘的結局，長期以來賽局專家一直尋找破解的方法，目前的成果主要是朝改變賽局結構跟拉長賽局次數兩個方向，前者包括藉由各種獎賞、懲罰機制改變報酬或者甚至根本性的將不合作賽局轉變，後者則是從一次性的賽局延伸至玩家將重複玩賽局多次甚至是無窮多次，藉由玩家間的長期互動，培養合作默契，共同脫離囚犯困境，在此我們先介紹如何改變報酬來掙脫囚犯困境。

在 2.9 的菸酒廣告中，由於政府的法令介入，反讓菸酒商從囚犯困境中脫身，但我們不認為這是一種「正規」的解決方式，最主要原因是不合作賽局的精神就是研究在無強制外力的介入下（比如說合作賽局的合約）下，玩家各懷鬼胎斤斤計較下，會得出什麼樣的結果，如果要解決，自然也是利用報酬等特性來「誘導」玩家做出行為改變。

3.1 大棒子策略

大棒子策略是解決囚犯困境最有效的方法，也就是加入懲罰的機制。比如說神偷和怪盜原是竊盜組織「大盜之行」旗下的二位成員，如果有人因為認罪而得以減輕刑責，但卻導致同志被關更久，「大盜之行」將因此發出通緝令，懲罰背叛者，只要背叛者一走出監獄，將立刻押回總部「無間地獄」囚禁 3 年，如此一來，新的報酬表將變成表3-1，認罪已經不再是優勢策略了，那麼我們該怎麼推敲二人的可能行動呢？

敵不動我不動的納許均衡

由於沒有優勢策略，二人都不得不考慮自己的行動對對手的影響，以及對手的行動將如何影響自己。神偷可以這樣想：假設我認罪，那麼怪盜知道我認罪的話，也會選擇認罪。同理，當怪盜選擇認罪的話，我最好也選擇認罪。就這樣，（認罪，認罪）成爲一個均衡。但特殊的是，神偷也可以這樣想：假設我不認罪，那麼怪盜知道我不認罪的話，也會選擇不認罪。同理，當怪盜選擇不認罪的話，我最好也選擇不認罪。就這樣，（不認罪，不認罪）也成爲一個均衡。

讀者可以體會這種均衡與優勢策略均衡不同，優勢策略是根本不用管對手的行動，反正我就是認罪比較好。而納許均衡多了對對手行動上的考慮，並來回反覆思量：「如果我這樣做，別人會怎樣做？而如果他這樣做？我又該怎麼做比較好？」而當二人同時選定某個行動組合，如前例的（不認罪，不認罪），雙方都沒有獨自改變的動機，就可以是個均衡，這種均衡概念是 1994 年諾貝爾經濟學獎得主納許遠在 1950 年代就已經提出的想法，所以稱爲納許均衡。

如前所述，不是每個賽局都會有優勢策略跟優勢策略均衡，納許均衡的提出給了很多賽局一個合理的預測結果，所以可以說是賽局最重要的均衡觀念。當然，在更進一步的討論中我們會發現，也不見得每個賽局都有納許均衡，也有可能一個賽局有多個納許均衡（表3-1就有二個納許均衡），增加預測的困難，這些都是納許均衡的缺點，於是賽局專家又以納許均衡

爲藍本，再開發出更新的均衡觀點，有興趣的讀者可以閱讀進階的書籍。

表3-1　加入懲罰機制的囚犯困境賽局

		怪盜	
神偷		認罪	不認罪
	認罪	（-6，-6）	（-3，-8）
	不認罪	（-8，-3）	（-1，-1）

在表3-1中出現二個納許均衡，雖然不見得二人的均衡是（不認罪，不認罪），但已經出現解決囚犯困境的曙光了。而另一種更嚴厲的懲罰是只要有背叛的行爲，將被「大盜之行」抓回「無間地獄」再關 3 年，與表3-1不同的是，當雙方均因認罪而被關了 6 年之後，「大盜之行」仍會懲罰 6 年前的背叛行爲，所以再把雙方抓回私牢再關3年，如此一來，新的報酬將如同表3-2所示，此時，不認罪成了優勢策略，所以（不認罪、不認罪）形成優勢策略均衡。

表3-2　加入更嚴厲懲罰機制的囚犯困境賽局

		怪盜	
神偷		認罪	合作
	認罪	（-9，-9）	（-3，-8）
	不認罪	（-8，-3）	（-1，-1）

因此對黑道組織而言，這種「私刑機制」顯然是不讓犯罪

行爲曝光的利器。當然，爲了防範黑道動用私刑破壞囚犯困境的結構，前述「污點證人」的相關配套措施是極爲必要的，比如讓污點證人眞正改頭換面，且安排就業使其生活無虞，在台灣是有短期工作安置的規定，但最長不得超過一年，更常見到資料外洩，導致證人被威脅恐嚇甚至送掉性命，黑道懲罰的機制仍相當有效。

3.2 再論納許均衡

回到表2-1，這個賽局的納許均衡爲何呢？根據檢查，我們知道只有（認罪，認罪）符合納許均衡的定義，而這也是這個賽局的優勢策略均衡。這並不奇怪，在更深的數學證明，我們可以推導，優勢策略均衡必是納許均衡，但是納許均衡未必是優勢策略均衡。

納許均衡與優勢策略均衡

即便不以數學證明，單用直覺也大致可以體會。首先，優勢策略均衡說明雙方都別無選擇，只能選擇某個行動，既然如此，當然大家也都沒有偏離的意願，所以當然也是納許均衡。但反過來說，符合納許均衡，不代表就有優勢策略，例如表3-1中，就沒有優勢策略，當然也沒有優勢策略均衡，但卻有二個納許均衡。

 納許均衡沒有好壞

另外值得一提的是，納許均衡只是描述某種均衡狀態，玩家們都沒有獨自偏離的誘因，但並不涉及這個均衡對玩家而言，是好的或是壞的評價。比如說在表3-1中，二個納許均衡，一個較好，一個卻較差。再者，納許均衡可能不具柏拉圖最適效率，但也有可能是柏拉圖最適效率，這仍可以從表3-1看出。

 3.3 價格糾察隊

作爲最方便的交通工具，龐大的機車潮是台灣街頭的奇景之一。當然，誘人的商機也是衆機車製造商你爭我奪的重點。一般消費者是不會直接跟製造原廠買機車，而是由原廠（上游）提供機車給經銷商（中游）或零售店（下游）販售，再賣給最終端的消費者。而過去由於經銷商或零售店的彼此競爭，削價時有所聞，想像就坐落在街頭跟街尾的「兩輪天下」、「烽火輪」兩家三陽機車經銷商，面對客戶的詢價競爭，分別有削價和不削價兩種策略，其報酬如表3-3所示。

表3-3　機車銷售賽局

		烽火輪	
		削價	不削價
兩輪天下	削價	（3，3）	（6，1）
	不削價	（1，6）	（5，5）

這個賽局符合囚犯困境的架構，所以如果沒有任何規範，雙方都削價競爭將是最後均衡，雖然對消費者有利，但對三陽原廠可就不利了，而原廠破解這種困境的方法就是成立地區性之「銷售公司」，成員包括地區內的各經銷商零售店，而成員必須遵守「品牌內限制轉售價格」（resale price maintenance，RPM）約定，也就是經銷店老闆可不能胡亂削價競爭，此舉當然是限制競爭行為，有損消費者的權益，而銷售公司一旦查出誰私自降價競爭，將一年內不再提供新車型供店家販售，此舉將導致店家沒有最新車型販售而生意一落千丈，而不削價的廠商將因此得利，接收客源，所以報酬將改為表3-4，讀者可以發現，不削價已經成為優勢策略，我們也可以預測，（不削價，不削價）成為此賽局的均衡，在此銷售公司是扮演內文中黑道組織的角色。

表3-4 銷售公司成立之後的機車銷售賽局

		烽火輪	
		削價	不削價
兩輪天下	削價	(-1，-1)	(-1，6)
	不削價	(6，-1)	(5，5)

不過，在公平交易法立法之後，品牌內限制轉售價格明顯牴觸相關罰則，根據公平法第十八條規定：「事業對於其交易相對人，就供給的商品轉售與第三人或第三人再轉售時，應容許其自由決定價格；有相反之約定者，其約定無效。」所以此後各機車品牌都以建議售價取代原來的約定轉售價格，但對於

違反建議售價之零售店仍有處罰存在。

3.4 胡蘿蔔策略

另一種解決囚犯困境的方法是胡蘿蔔策略，簡單來講就是給予獎勵。比如說，前述「大盜之行」爲了獎勵忠貞的成員，如果堅不吐實，縱使被關，出來之後將授與勳章，並升官到副堂主，給予賞金一千萬，使其減少奮鬥三十年。

表3-5 加入獎勵機制的囚犯困境賽局

		怪盜	
		認罪	不認罪
神偷	認罪	(-6，-6)	(0，22)
	不認罪	(22，0)	(29，29)

反映在報酬表上，不認罪的報酬將加上 30 單位，表3-5顯示，不認罪已經成爲優勢策略，因而解決囚犯困境。

3.5 眞耶？假耶？319 槍擊案

雖然理論上大棒子跟胡蘿蔔策略都可以解決囚犯困境，不過還有一個問題也很重要，就是參與賽局的玩家人數。前述舉例的二人囚犯困境賽局相形之下較為單純，破解困境難度較低，但在多人的囚犯困境中，只要有其中一人認罪，則整起案件就會曝光，一干人等通通鋃鐺下獄，所以共犯越多，其實越紙包不住火，最容易破案，因而使得要解決囚犯困境更加棘手。而即便犯罪組織使出胡蘿蔔或大棒子策略，也會因為人數多而增加難度。

 人多好辦事與人多嘴雜

如前所述，人多嘴雜，容易誤事，但有時一個犯罪計畫卻又是人多好辦事，該怎麼辦？放心，黑道老大早就幫你想好了，他們可以透過層層授權，精細的分工合作來避免一人變節，卻株連所有人的悲劇，甚至共犯間根本陌生不識，大家只要專心完成自己分配到的任務即可。

據專家分析，在美國 911 恐怖攻擊事件中，真正知道要自殺攻擊的劫機犯，只有控制駕駛艙的首謀份子，而其他控制乘客的只是外圍份子，他們都以為只是單純的劫機案，這樣做的原因不難理解，畢竟不是每個人都有勇氣自殺攻擊，如果有其中一個臨陣反悔，都會增加攻擊的難度。

 真耶？假耶？319 槍擊案

在 2004 年總統選舉的 319 槍擊案發生之後，藍軍一直懷疑這根本是自導自演，但卻苦無直接證據，從囚犯困境賽局來看，如果真的作假，必須要有不少人的配合演出，而這可是犯罪行為。同理，這些人只要有其中一個幡然悔悟，就會事跡敗

露，從而水落石出，但到目前爲止，依然沒有決定性的人證出現，而這些隨扈或情治人員，一般認爲政治態度傾向藍軍，所以可以判斷自導自演的機率甚低。只是眞相是否就如官方說法，有無栽贓冤枉，恐怕永遠是台灣人民心中的疑問了。

3.6 海納百川策略

最後一種破解囚犯困境的方式是根本性的改變賽局結構，比如說，「大盜之行」在挑選二人一組的竊盜組時，特別注重二人的關係，神偷和怪盜如果情同手足，他們休戚與共，另一個坐牢等於自己坐牢般痛苦，則二人必然口風甚緊，自然就不容易落入囚犯困境。而這也不是什麼新鮮事，古人早就身體力行，發揚光大了，如接著要講的盜墓業。

血濃於水

中國古代皇帝陵寢中的陪葬品豐富，所以盜墓業歷久不衰。而盜墓者往往是兄弟檔或是父子檔，爲什麼呢？盜墓者必須要先有人打頭陣，等掘開之後通知後面支援者，而一旦發現有金銀財寶，外面的人有誘因關閉墓穴通道讓前面的人窒息死亡，然後他再漁翁得利，獨吞所有財寶。可以把背叛視爲認罪，就可以解釋盜墓者都有坑殺對方的誘因。但如果是父子檔，那就另當別論了，父親盜墓經驗豐富，兒子年輕力壯，雙方合作無往不利，盜墓事業蒸蒸日上，還能傳承子孫，這些都是因爲已經成爲合作賽局。

你中有我，我中有你

我們另外以實際的商業例子來說明。台灣光碟片產業穩居全球龍頭，但也因殺價嚴重而陷入囚犯困境，業者苦不堪言。在 2006 年初，精碟以私募方式引進全球最大光碟片廠中環的資金，成爲泛中環的成員，由於中環與精碟的客戶重疊性相當高，中環入主精碟，雙方可以避免價格廝殺，雙方產能可互補。根據業者說法是：「入股精碟，除看好光碟產業前景外，也希望透過策略聯盟方式使光碟片產業朝健康方向發展……啓動產業整合的第一步，有助產品價格的提升與產業秩序的恢復，希望創造多贏的局面。」（資料來源：經濟日報，2006 年 2 月 10 日）從賽局的角度來看，此舉將使報酬發生根本改變，而賽局結構也從不合作賽局轉變爲合作賽局，當然就順勢解決囚犯困境。

3.7 寧爲雞首，勿爲牛後

2.13 提到筆記型電腦大廠陷入囚犯困境，那學會了解決困境的方法，對我們又有何啓發呢？接著分析如下：

大棒子策略窒礙難行

懲罰意味著這些筆記型電腦廠商成立卡特爾的組織，嚴密監控所有成員的產量價格，但這根本沒有客觀環境可以支持，筆記型電腦可不比原油，原油替代性低，就那幾個國家生產，一旦短缺對經濟影響不言而喻。但會生產筆記型電腦的國家不是只有台灣，只是台灣的成本較低而已。且世界各國對於聯合行爲都是嚴加查緝，在 2005 年全球最大的電腦記憶體晶片製造商三星電子因爲操縱記憶體價格而被美國司法部重罰三億美元，此前車之鑑說明懲罰機制並不可行。但在主觀上，這些大廠老闆想不想聯合壟斷呢？根據筆記型電腦大廠英業達董事長葉國一的說法（資料來源：電子時報 2004 年 11 月 2 日）：「台灣筆記型電腦廠的老闆們其實會一起吃飯，但大家從未談過國際筆記型電腦大廠利用台廠彼此間的矛盾而相互低價廝殺搶單等問題，大家都知道此問題，但卻無人能夠啓口。」也許這些老闆也意識到，想成立卡特爾困難重重，即使耗盡心神成立，但可能脆弱不堪，隨時瓦解，乾脆就死了這條心。

海納百川策略知易行難

將不合作賽局轉變爲合作賽局，方法是由幾家廠商互相交叉持股，大夥一家親，但台灣人的經營理念向來是，除非經營不下去了，否則不願他人入主，分享權力，甚至屈於人下，正所謂寧爲雞首，勿爲牛後，所以這也是一個不易達成的方法。

3.8 人情留一線，日後好相見

囚犯困境賽局之所以成爲困境，其中一個原因是雙方只玩一局，之後拍拍屁股走人，既然只玩一局，就沒有留下日後相見情面的餘地，而如果玩二次以上，我們將說明，賽局均衡將有驚人的改變。但有人會問，重複賽局合理嗎？引進重複賽局並非只是爲解決囚犯困境所憑空創造的怪異方式，它是可以跟現實商業活動相結合的。例如，百貨公司總是年復一年的進行折扣戰，而現在石油的價格更是密集到每週調整一次，則中油跟台塑石化的價格賽局每週重複發生一次，即便是神偷和怪盜，也有可能進進出出警局多次，而每次都是選擇合作或背叛的試煉。

重複次數有限

首先來看，如果賽局重複次數「有限」，有限的意思是只要你講得出次數，2 次、100 次、甚至 10,000 次都算，那麼我們該如何推理？假設神偷跟怪盜約定，再幹二票就金盆洗手，那麼這跟前述一次賽局有何差異？賽局專家是這樣推理的，他們運用一種「倒推法」的技巧，也就是說，從後面倒推回來，在慣竊的例子中，我們先假設在第二次失風被捕時，他們的反應會如何？由於沒有下次了，所以等同於只有一次的賽局，由前文分析知道兩人會選擇認罪。現在再回頭來看看第一回被捕時二人的反應，因爲已經知道第二次大家都認罪，則第一次也沒有必要留啥情面，也是會選擇認罪，所以有限次數的重複賽局不能解決囚犯困境。這個推理可以適用任何有限次數的賽局，即便高達十萬次也是一樣。

重複次數無限

那如果雙方重複相同的賽局無窮次呢？答案又有何不同呢？要把這個問題交代非常透澈必須處理一些數理問題，有興趣的讀者可以看筆者另一本賽局分析，在這裡，我們只利用直覺來帶出一些觀念。

首先，如果兩個慣竊知道他們會永遠偷下去，那麼因為沒有最後一次，倒推法就不管用了。假設神偷在多次進出監獄後，在一個午夜夢迴的夜裡，一個人獨自沈思著：「如果我每次都認罪，怪盜一定也都認罪，這樣大家都很傷。如果我每次都不認罪？怪盜那傢伙一定會認罪，這不是便宜那傢伙嗎？那如果我對他聽其言、觀其行呢？這次我先吃虧一點，選擇不認罪，而這次如果他不認罪，下次我就仍選擇不認罪獎勵他，如果這次他認罪，下次我就選擇認罪報復，聰明的他應該幾次之後就懂得我的用意了吧！好，就這麼幹！」同理，怪盜也這樣思索，將以神偷這次的選擇來決定下一次的行動，那麼二人就會在試探對方的過程中，逐步培養出互信基礎，到最後大家都不認罪。

3.9 以牙還牙　以眼還眼

3.7 這個方法稱爲「以牙還牙」策略或「一報還一報策

略」，其行動決定於對手上一回合的行動，因爲可以重複，讓這個策略有利用的空間，而在給定一些數字後，我們也的確可以證明，這種策略會讓神偷跟怪盜都選擇不認罪，彼此都沒有背離的意願，成功解決囚犯的困境。

讀者大概可以體會到，會讓彼此沒有背叛誘因是因爲放眼於合作所帶來的更長遠利益，假設神偷這樣思索：「如果我這一期突然認罪，可以獲得一些短暫利益，但是接著怪盜一定會腥風血雨的報復，搞得大家都不好過，損失更大，除非我下一期趕快不認罪賠不是，這樣他在下下一期才會恢復不認罪，但既然如此，那我幹嘛這一期犯賤挑釁人家？還是合作安安穩穩獲取不錯的利益好，從而二人合作無間，直到永遠。」

勾結的最高藝術

在經濟學上，這種勾結堪稱是聯合行爲的極致，就算檢調突擊搜索公司，也絕對找不到合約證物，一切都是默契使然，所以稱爲「暗默勾結」。不過，政府也不是省油的燈，國外判例跟國內公平會都傾向即使沒有直接證據，但如果在主觀上有意識採行特定行爲，並可期待他事業亦採行相同之共識行爲，且在客觀上也觀察到出現一致行爲，那麼也是聯合行爲，而應予以禁止。

實務上，勾結形式更是五花八門，如果大家一起調漲（或拒絕調降）太過醒目，可以頭二次你調我不調，下一次我一次調到位，或者這次你調整價格，我減少優惠，下一次換我漲，你減少折扣，總之以增加獲利，減少競爭爲最高指導原則，也讓公平會在處理這類的聯合行為倍感困難。

3.10 大家都知道的無名氏定理

理論上不只有以牙還牙策略可以解決囚犯困境，類似的方法還很多，比如說神偷也可以比較溫和，他可以等怪盜連續兩次都認罪才展開報復，當然他也可以比較極端，警告怪盜，一旦膽敢認罪，將啓動報復機制，就像扣下扳機一樣，我將永遠永遠以認罪來懲罰你，此又稱為「扣扳機策略」，這些策略都在部分條件支撐下（例如報酬的大小），讓二人都選擇不認罪，由於其必須要更多的數理操作，有興趣的讀者可以閱讀進一步的書籍。

讀者可以發現，這類解決方式最重要是倚賴賽局重複發生，這也是為什麼我們說這種解決方式是：「人情留一線，日後好相見」。而這個解決方式其實在很早就已經存在賽局專家的腦海中，只是誰都沒有給予系統性的分析，一直到 2005 年諾貝爾經濟學獎得主奧曼在 1959 年時首度寫入論文中，最先將這個現象以嚴謹的數理模式推導證明，賦予邏輯基礎，才正式與世人見面。奧曼在詳盡的證明後，謙遜的將之命名為無名氏定理（另譯大衆定理或民俗定理，但不如前者適切），英文是 Folk Theorem，意思是它就像民謠（folklore）一樣，已不知原創者，不敢掠人之美。

3.11 搶救醫生大作戰

延續 2.6 的討論，面對基層診所的囚犯困境，我們又該如何讓醫院脫離囚犯困境呢？很多方向都可以考慮，比如說，從重複賽局角度下手，現行的醫院總額乃每年協商一次，在永續經營的前提下，可以視爲重複無窮多次的賽局，似乎有機會可以脫困，但可惜因爲診所數目太多，類似犯人數太多，增加破解囚犯困境的難度。

另一個方式則是診所設立有效的懲罰機制，但根據學者研究，由於目前診所的服務數量衆多，而且規模大小不一，除非有官方監督機構介入，但這一樣困難重重，畢竟衝不衝高的判斷不甚容易。再者，懲罰機制如何落實，有無眞正執行能力也是個問號。

最後，轉變爲合作賽局也是可行的方式，欲達成此一要件，使得診所間的關係由競爭轉爲合作，則以下兩點值得進一步深入研究其可行性：一是儘量避免大型醫療院所的新設，如果眞有其設置的必要性，則應同時增加總額預算額度。二是分區總額預算的設定，總額預算如能進一步區分爲較小區塊，由較小區塊的所有診所分食，這效果就好像犯人數目減少，彼此合作的可能性自然增加。

3.12 勾心鬥角，領袖高峰會各顯神通(2)

延續 2.14 的討論，由於實際上台灣每年都派出低層級的官員與會，而中國也不反對，並沒有陷入囚犯困境，這個現象以重複賽局的角度來解釋就相當合理了。

 雖不滿意但可接受

APEC 領袖高峰會自 1993 年後每年固定舉行，所以可以視爲無限期的重複賽局，而無名氏定理告訴我們，爲了追求自身利益，賽局的玩家會經由經驗找到合作的道路，並共享利益。從這個角度來看，台灣每年派出低層級官員，雖然不能像總統出席般大大露臉，但總是不缺席於最重要的國際場合，雖不滿意但可接受。

對中國來說，封殺掉任何一個台灣代表是終極目標，但如果再怎麼委曲求全，台灣都去不成，可能激怒台灣往後每年都把總統或閣揆推上火線，雙方永遠在出席人選上糾纏不清，以其一個泱泱大國，竟然小鼻子小眼睛，對台灣這著蕞爾小國頤指氣使，不免有礙國際聲譽，也徒增台灣民衆反感，既然台灣願意推出低層級官員，中國也只好不滿意但可以接受。就這樣，年復一年，兩岸代表在 APEC 高峰會上行禮如儀，大家和平相處。而唯一一次例外是 2001 年的上海高峰會，當年台灣首度缺席，這又是什麼原因呢？我們將在後文繼續分析。

附錄一：天才洋溢的理論家

留著一大把白鬍子，經常一副猶太教徒打扮的奧曼，於 1930 年出生於德國法蘭克福，8 歲隨著父親逃離納粹德國，1950 年獲得紐約大學數學學士學位，1952 年和 1955 年在麻省理工學院分別獲得數學碩士學位和數學博士學位。學成之後的奧曼放棄美國高薪，回到以色列希伯萊大學任教，致力於經濟學的教育，並於 1968 年晉升爲教授。在奧曼的多年努力之下，以色列的經濟學研究已經提升到世界強國的水準，故常被恭維爲以色列學派的教主。奧曼長久以來一直被公認爲是諾貝爾經濟學獎最有希望的候選人， 1994 年，奧曼曾經以微弱的票數敗給美國數學家納許等人，但諾貝爾獎並沒有遺忘他，2005 年的獲獎是遲來的榮耀。

奧曼最爲人稱道的是其對重複賽局的研究，尤其敘述玩家經由長期互動培養默契而脫離囚犯困境的無名氏定理經由他的形式化而開始廣泛應用於經濟學中。

令人遺憾的是，奧曼雖然一生研究如何「合作」，但其長子在 1982 年一場以巴對抗中陣亡，對以巴之間的合作前景並不樂觀。在一場記者會被問到此話題時，他說：「這種情況已經持續了八十年，我看至少還要再持續八十年。我很遺憾的說，我看不出它會何時終止」。

趨同選擇賽局

第二、三章介紹囚犯困境賽局跟解法，不過仍有大部分賽局不屬於此類，皆下來三個章節就介紹其他種賽局。本章要介紹的賽局，其原型爲「兩性戰爭賽局」，這種賽局要捕捉玩家面對相同的行動選擇（如 A 跟 B），當達到納許均衡時，要嘛就一起選 A，不然就一起選 B 的特性，所以又稱爲趨同選擇賽局。由於納許均衡可能不只一個，爲精準預測結果，我們也引進「焦點」的概念，並告訴讀者該如何掌握賽局的蛛絲馬跡，得到最合理的答案。

在天願爲比翼鳥

趨同選擇賽局的原型是兩性戰爭賽局，這個賽局描述一對神仙眷侶，「快跑強尼」跟「櫻櫻美代子」，他們一向雙宿雙飛，形影不離，如果要分開行動將相當痛苦。

魚與熊掌難以得兼

在一個週末夜晚，兩人商量是要看快跑強尼喜歡的棒球比賽，還是櫻櫻美代子喜愛的芭蕾表演，如果去看棒球比賽，快跑強尼得1單位的報酬，櫻櫻美代子因毫無興趣得到 0 單位的報酬，同理，如果去看芭蕾表演，快跑強尼得 0 單位的報酬，櫻櫻美代子得到 1 單位的報酬，而如果兩人分開活動，快跑強尼看棒球，櫻櫻美代子看芭蕾，各得 -1 單位的報酬，如果快跑強尼看芭蕾，櫻櫻美代子看棒球，則各得 -2 單位的報酬。在此我們先解釋一下，傳統的兩性戰爭賽局，當快跑強尼看芭蕾，而櫻櫻美代子看棒球的報酬是 -1 單位，但我們考慮丈夫妻子既分開又是看自己不喜歡的運動，其報酬應該更低，所以修正為 -2 單位。綜合這些觀察，其報酬表可以表為表4-1。

表4-1 兩性戰爭賽局

		櫻櫻美代子	
		棒球	芭蕾
快跑強尼	棒球	(1，0)	(-1，-1)
	芭蕾	(-2，-2)	(0，1)

有志一同

那麼兩人會怎麼決定呢？首先觀察報酬表，二人都沒有優勢策略，自然不可能有優勢策略均衡。如果快跑強尼選擇看棒球，則櫻櫻美代子選擇看棒球可以得到 0 單位的報酬，但如果她單獨去看芭蕾，則只得 -1 單位的報酬，所以其最好也是選擇看棒球。同理，如果櫻櫻美代子選擇看棒球，則快跑強尼最好也是選擇看棒球，就這樣（棒球，棒球）成為一個可能的均衡。順著同樣的思路，讀者可以發現，（芭蕾，芭蕾）也會是個納許均衡，所以這個賽局出現了二個納許均衡。而另一個值得注意的是，這個賽局中二人面對的行動都一樣（看棒球或看芭蕾），而最後二人的選擇會趨於一致，這也是為什麼這類賽局稱為趨同選擇賽局。

抽絲剝繭

到目前爲止，我們只知道有二個納許均衡，但沒有進一步的線索，無法判斷哪一個會出現。所以賽局專家投入相當多的心力來找出預測均衡的方法，目前預測能力最好的是藉由焦點（focal point）來尋找均衡。賽局專家發現，人們可能基於某個因素而將注意力集中在某個焦點上，讓玩家不約而同選擇相關行動而達到此均衡，這可能是一些社會關係背景中的某些特徵所決定，如法令、文化背景或歷史傳統甚至經驗法則。又或者玩家可以透過重複賽局逐漸培養，並達成選擇該均衡的共識，然而，值得注意的是，這個訊息往往在抽象化賽局時被省略了。

例如在這個賽局中，如果我們能再掌握一些訊息，例如當晚的職棒比賽可不是普通的例行賽，而是決定兄弟象隊能否打入季後賽的關鍵賽事，或者是棒球王子張泰山可能出現生涯第200隻全壘打的重要時刻，則（棒球，棒球）出現機率最高。

焦點是由2005年諾貝爾經濟學獎得主謝林首先提出，在1960年代，謝林在耶魯大學授課時，曾以學生爲對象，做了一項心理實驗：「假設你跟你的朋友相約在紐約見面，但卻忘了約定見面時間地點，則你們認爲在那邊等候最有可能遇到對方？」大部分的學生都回答會在中午12點，於中央車站詢問台的大鐘下等候。這是因爲中央車站是當時耶魯學生最習慣相約見面的地方，而中午12點顯然也是個適當合宜的時間點（相較於凌晨3點），如果你根本不瞭解當時學生的生活習慣，可能會一頭霧水，胡亂猜測。當然，如果是現在相約在台大校園見面，多數學生可能選中午 12 點在傅鐘前等待，在東海大學則可能選擇在 12 點於路思義教堂的大草坪等候，這是利用傳統的訊息克服不確定性，根據謝林的研究，這是一種互動雙方的彼此共同期待，稱爲「期望的會合點」，這種期待即使在雙方沒有溝通的情況下，也能達到共同的結果，當然其決定因素就如前文所言，可能是相沿成習的社會規範或歷史經驗。謝林認爲此可以解釋何以美蘇兩大強權長期的冷戰衝突，最後不是以核子武器的毀滅做爲結束，而是以和平收場。

禮尚往來

此外，藉由重複賽局架構也有助於瞭解均衡出現的原因。例如，如果外出活動是他們每週末既定行程，則他們可能演化出單週看球賽，雙週看芭蕾的行爲模式，掌握這個資訊就相當容易預測均衡。另外，賽局專家也提出一種「廉價的談話」（cheap talk）來解決，比如說雙方只要經過簡單討論既可避免雙輸，可不要覺得這個動作未免太平淡無奇，在下個單元我們會介紹溝通的小小的成本就能省去雙方誤判對方決策帶來的損失。

向左走、向右走

「霹靂火」跟「台灣阿誠」同在光華商場閒逛，二人迎面走來，眼看就要撞上了，此時雙方爲避免相撞可以有三種行動選擇：「向右走」、「向左走」或「靜止不動」，而雙方在這三種行動下的報酬表如表4-2所示：當雙方都向右時，可以順利通過，所以各得1單位的報酬，若其中一方靜止，而另一方向右或向左，則靜止一方因爲通過速度較慢，得到 0 單位的報酬，另一方則快速通過，不受耽擱，所以得到 1 單位的報酬，如果雙方都靜止，則都無法通過得到 0 單位的報酬，最糟的是雙方同時向左或向右，撞在一起，各得 1 單位的損失。那麼這個賽局的納許均衡爲何呢？

表4-2　向左走、向右走賽局

		台灣阿誠		
		向右	向左	靜止
霹靂火	向右	(1，1)	(-1，-1)	(1，0)
	向左	(-1，-1)	(1，1)	(1，0)
	靜止	(0，1)	(0，1)	(0，0)

見表4-2，假如霹靂火向右，則台灣阿誠最佳行動也是向右，同理，如果霹靂火向左，則台灣阿誠最佳行動也是向左，所以（向右，向右）、（向左，向左）爲納許均衡。而如果霹靂火靜止不動，台灣阿誠的最佳行動是向左或向右，但一旦台灣阿誠選擇向右，霹靂火的最佳行動也是向右，所以（靜止，向右）不是納許均衡，相同道理讀者可自行推演，（靜止，向左）、（向左、靜止）、（向右、靜止）以及（靜止、靜止）都不是納許均衡，所以本賽局的納許均衡爲（向右，向右）和

（向左，向左）。至於最終會出現哪一個均衡並不確定。

在台灣，行人被教育爲必須靠右走，雖然這並非強制規範，不過合理猜測出現（向右，向右）的可能性較高。而鑑於交通安全，包括汽車、飛機甚至船舶都有國際間通用的避免碰撞規範，以航海船隻爲例，兩船彼此以相反航向或幾乎相反航向對遇，而含有碰撞危機時，應各朝「右」轉向，俾得互在對方之左舷通過，而這就是以法令的強制規定來決定焦點。

4.3 先開槍再說？

江洋大盜「偷遍天下」闖進「好市民」的家中偷竊，睡夢中的好市民一聽到聲響立刻拿出散彈槍下樓察看，剛好與正準備上樓搜刮的偷遍天下對望，而二人的槍也正瞄準對方，二人的心思也頗爲一致：該不該先發制人開槍呢？

偷遍天下雖然四處偷竊，但倒是以不傷人爲原則，攜帶槍械只是方便自己脫逃。而好市民是個善良老百姓，家中合法持有的槍械也只是爲了保衛人身財產安全，現在兩人雖然槍互指著對方，但仍希望衝突平和落幕，偷遍天下行蹤敗露，現在只

希望安然離去，好市民面對威脅，也只希望對方離去，無致對手於死的意圖。如果大家都開槍，雙方都掛彩，各得8單位的損失。如果偷遍天下開槍，好市民一念之仁遲疑而中彈，則偷騙天下狼狽逃離現場，東西沒偷到還傷人，唯一慶幸的是自己沒受傷沒被捕，得到 0 單位報酬，但對好市民就不妙了，自己受傷，賊還逃了，得到 10 單位的損失。反過來，好市民開槍，偷遍天下中彈，則好市民確保家人財產安全，但又面對是否防禦過當的問題，又怕日後偷遍天下回來尋仇報復，所以只得到 0 單位報酬，偷遍天下則受傷又準備吃「免錢飯」，得到 10 單位的損失。最後，二人都不開槍，沒有人傷亡，偷遍天下離去，大家當成沒發生過這件事，各得 15 單位的報酬。

表4-3　闖空門賽局

		偷遍天下	
		開槍	不開槍
好市民	開槍	（-8，-8）	（0，-10）
	不開槍	（-10，0）	（15， 15）

柏拉圖效率與柏拉圖改善

首先來看二人比較喜歡哪一個均衡？顯然（不開槍，不開槍）的報酬優於（開槍，開槍），所以是具有「柏拉圖最適效率」的組合，但是，由於二人都不知道對方到底會不會開槍，有可能為避免淪為槍下亡魂而選擇開槍，這將是一個令人遺憾的結局，如果有個方法可以使最後均衡改爲（不開槍，不開槍），那麼將可皆大歡喜。

前述提到，二人都偏愛（不開槍，不開槍），但是在那電光火石的剎那間，又有誰能知道該怎麼做比較好？賽局專家由此領悟出訊息溝通的重要性，例如，假使有個溝通機制能在對峙當時釋出雙方都不想開槍的訊息（比如說舉起沒有拿槍的一隻手，而且要雙方都明白這個動作的含意！但因爲時間很短，所以很難），則可以順利達成大家想要的（不開槍，不開槍）這個均衡。不見得每個衝突發生時間都很短，所以架構出溝通機制就顯得重要。例如冷戰時期的美蘇核武競賽，一旦出現迫切的危機，如古巴危機，蘇聯跑到美國後院古巴架設飛彈，二國都有怕被對手一夕轟爲平地的恐懼，但又下不了決心先發制人，又急於知道對方意圖，此時保持聯繫，釋出善意就可避免災難發生。甚至在枱面上官方的調停奔走遇到困境時，枱面下的密使穿梭都可以降低緊張的對立態勢，還好最後飛彈危機平安落幕，人類也免於生靈塗炭。

相同的情況也發生在台灣跟中國間的對峙，兩岸關係從戰後的嚴峻，到緩和，在 1990 年代又衝突急遽升高，中間穿針引線居間傳話的傳言不曾平息，甚至一次可以有數個溝通管道同時進行，從賽局理論來看也無可厚非。在 2006 年底謝林訪問台灣，有人問他對當前兩岸局勢詭譎多變，有何解套良方？即便對近年來台海問題沒有多加著墨的謝林還是一句良心的建議：「保持暢通的溝通管道」，可見得這是賽局中最根本的應對策略，足爲兩岸領導人深思矣。

 合法持有槍械與犯罪率

這個賽局的另一個延伸思考是關於合法持有槍械的討論，美國有數個州是允許合法持有槍械，在過去，是不是該限制人民持有槍械一直是針鋒相對的尖銳議題，其論點不外乎：合法持有槍械的犯罪率會不會較高？從表4-3來看，假設原先民眾不能持有槍械，反倒是歹徒擁有槍械，則由於表4-3只可能出現（不開槍，不開槍）、（不開槍，開槍）兩種狀況，正所謂人爲刀俎，我爲魚肉。然而如果也開放民眾持有槍械，納許均衡告訴我們反而會出現（不開槍，不開槍）、（開槍，開槍）二種情況，無辜百姓不再是一面倒的劣勢。

但從另一個角度來看，允許每個人都持有槍械會不會造成槍擊案頻傳呢？一個觀點是大家都怕別人先開槍，不如先下手爲強，在 2005 年美國佛羅里達州通過「自我防衛法」（Stand

Your Ground Law），允許佛州人只要感覺自己受到攻擊威脅，未必眞的受到攻擊，就可掏槍殺人自衛，不用承擔刑事或民事法律責任。不過這項法令被批評爲「先開槍再說法」（Shoot First Law），因爲開槍成本低，陌生人一旦發生爭執，就有可能演變成槍林彈雨，不可收拾。但相反的觀點是，由於開槍導致雙方都掛彩，代價太大，因此形成恐怖平衡，最後大家處理爭議都客客氣氣，反而會使得治安好轉。

4.4 我出你也要出，不然拉倒！

在 2.11 中，燈塔因爲無法排除沒有出錢的人使用，搞到最後沒人願意出，燈塔也蓋不起來，這是公共財的其中一種狀況。而現在要講的是另一種類型，也相當常見。在某個村中只有兩戶人家，「瑞氣千條」跟「珠光寶氣」，這二戶人家都很有錢，在一個颱風天過後，村中對外聯絡道路毀壞了，雖可以走但不舒服，村長告知經費不足以維修道路，希望兩戶人家捐助，現在二家人面臨要不要出錢修路的問題了。跟 2.11 不同的是，兩戶人家由於都相當有錢，並沒有搭便車的心態，甚至是討厭搭便車的人，所以一旦發覺對方原本沒出錢，奇摩子會很不爽。

公平至上

如果大家都出錢，當然很好，反正大家都很有錢，而且走起路來舒服，各得 10 單位報酬。如果自己出錢，但對方撿現成的，那眞是孰可忍孰不可忍，絕對不幹這種蠢事，這代表一旦成眞，出錢的人的報酬會很低，比如說是 -10 單位報酬，而沒出錢的是 5 單位報酬。而如果大家都不出錢，沒關係，將就點吧，反正還能走！所以各得 -2 單位報酬。所以可以完成表4-4的報酬表，這個賽局是標準兩性戰爭賽局的架構，稍加分析可以得出二個納許均衡，分別是（出錢，出錢）與（不出錢，不出錢）。

這個結論相當符合直覺，很多人在面對是否參與公益活動時，常有這種想法：「如果你出，我就出，如果你不出，那我也不要出，絕不當冤大頭！」。而既然（出錢，出錢）是柏拉圖效率，如何能誘使兩人做出出錢選擇就是關鍵所在，廉價的談話可以扮演重要的催化作用，如果互信程度仍然不足，由公正第三人的協調也可奏效。

表4-4　道路修築經費賽局

		珠光寶氣	
		出錢	不出錢
瑞氣千條	出錢	（10，10）	（-10，5）
	不出錢	（5，-10）	（-2，-2）

4.5 雨天收傘！

在 2006 年，卡債風暴沸沸揚揚搞得政府焦頭爛額，而就在此時，某報獨家披露一位化名為「美珍」的卡奴，債務越還越多，借二百多萬元，還了五百多萬元，結果還欠六百多萬元，控訴銀行的暴利和無情，引起社會一陣譁然，更引來金管會高官的關心，一時之間，美珍成為卡奴的代名詞。

卡債悲歌

其實，這個社會上美珍又何其多？卡債風暴的形成也非一朝一夕，卡奴本身的不當擴張信用和銀行貪圖暴利，一再引誘卡奴來借款更是關鍵的因素。其中最具誘惑力的是最低應繳金額的設計，在卡債爆發之前，銀行為了鬆懈卡奴的還款意志，最低應繳金額一度低到只有應繳總金額的 2%，刷卡 100 元，每個月只要還 2 元，如果只根據此額度還款，永遠只能還利息，本金不會減少，銀行也可以一直收利息。然而，天有不測風雲，在卡債風暴形成之際，一些銀行眼看苗頭不對，為了搶先收回本金，將最低應繳金額調高為應繳總金額的 5%，但是此改變加重卡奴的負擔，最終也加速卡債風暴的形成。假設美珍的信用卡只有「吸血鬼」跟「高利貸」二家，這兩家對美珍提高最低應繳比例的賽局報酬表如表4-5所示：

表4-5 卡債悲歌賽局

		高利貸	
		提高	不提高
吸血鬼	提高	(-8，-8)	(10，-10)
	不提高	(-10，10)	(20，20)

當吸血鬼提高，而高利貸沒有提高，爲保持信用，美珍勉強提高繳費金額給吸血鬼，等到他眞的撐不下去時，已經還給吸血鬼大半，但高利貸還款金額相對較少，所以吸血鬼跟高利貸的報酬爲（10，-10），此舉有點以鄰爲壑的味道，同理可推論當高利貸提高，而吸血鬼沒有提高時的報酬爲（-10，10）。而如果兩家銀行都提高，則美珍無力繳交，迅速形成呆帳，雙方的報酬爲（-8，-8），最後如果兩家銀行都不提高，美珍可以勉強償還最低應繳金額，由於大都拿來還利息，本金不曾減少，銀行可以坐擁暴利直到永遠，雙方報酬爲（20，20）。

檢查表4-5可以發現此一賽局有兩個納許均衡，分別爲（提高，提高）與（不提高，不提高），顯然的，一旦有一方提高，另一方最好也趕快提高；但當一方不提高時，另一方的最適選擇也是不提高。那一個會出現呢？

雨天收傘

在卡債危機的前幾年，銀行剛發現消費性金融的新樂園，拼命發行現金卡跟信用卡，出現的均衡是（不提高，不提高）。而卡債風暴風聲鶴唳，各銀行神經緊繃，毫無疑問的，出現的均衡是（提高，提高）。諷刺的是，對美珍這位將薪水奉獻給銀行的忠心卡奴而言，（不提高，不提高）才是壓榨到極致的選擇。

4.6 窮兵黷武？或保家衛國？(1)

接著我們介紹賽局理論在軍事學上的運用，大抵上故事都是講面對要不要擴增軍備的考量，但因爲擴不擴增的後果相當複雜，所以有很多個賽局架構都可以應用，底下先用兩性戰爭賽局來分析。

假設現在中原跟魔域已對峙多年，雙方領導人「素還眞」跟「天魔」正考慮要不要擴增軍備。首先，如果大家都有共識不擴軍備，專心經濟發展，各得4單位的報酬。反之，如果大家執意擴軍備，將各得 2 單位的報酬。如果魔域擴增，而中原卻不擴增，這導致中原將被予取予求，毫無反擊能力，中原只得到1單位的報酬，魔域將得到3單位的報酬。

也可以是囚犯困境賽局

注意，如果魔域擴增，而中原卻不擴增，導致魔域得到的報酬超過兩者都不擴增的報酬，比如說爲 6 單位，意思是魔域可以大軍長驅直入中原，大肆掠奪經濟利益，比自己慢慢發展經濟來得好，則整個架構將成爲囚犯困境賽局，如表4-6，則擴增軍備將成爲優勢策略，大家都擴增成爲優勢策略均衡。

表4-6 屬囚犯困境架構的軍備擴增賽局

		魔域	
		擴增	不擴增
中原	擴增	（2，2）	（6，1）
	不擴增	（1，6）	（4，4）

到底屬於哪一種架構並不一定，這是賽局分析的難處之一，因為報酬為多少難以算計，很多人其實是根據自己故事需要來選擇合適的賽局，而不是紮實研究報酬大小來決定架構種類，關於這點，我們在最後一章會繼續討論。

在這邊我們先假設雙方都不擴增的報酬最高，所以其報酬如表4-7所示，在這個賽局終將有二個納許均衡，分別是（擴增，擴增）與（不擴增，不擴增），而顯然（不擴增，不擴增）是雙方較佳的選擇，也就是柏拉圖最適效率，因為可以節省不必要的軍費從事民生經濟建設，但問題就是一定也要對方不進行軍備，否則等對方坐大，代誌就大條了。

表4-7 屬兩性戰爭賽局架構的軍備擴增賽局

		魔域	
		擴增	不擴增
中原	擴增	（2，2）	（3，1）
	不擴增	（1，3）	（4，4）

小心駛得萬年船 小中取大策略

雙方領導人未必從納許均衡的角度來決定，接著我們介紹尋求均衡的另一種方式：「小中取大策略」，這基本上是一種以最小風險爲優先考量的決策方法，事實上這也是現實各國政府的標準作法，也就是經濟成長趨緩沒關係，但可萬萬不能因對手坐大而被予取予求，淪爲殖民地，在這種思維下，可能出現的均衡是什麼呢？以中原爲例，如果其選擇擴增，較差的情況是魔域也選擇擴增，報酬爲 2，如果中原選擇不擴增，較差的情況是魔域選擇擴增，報酬爲 1，相較之下，擴增是較保險的作法（2>1），這樣報酬雖然不會最高，但保證不會最低。同理，魔域如果也利用小中取大策略，也會選擇擴增，所以得到均衡爲（擴增，擴增），跟表4-6得到的納許均衡結論一致。如果觀察自二次世界大戰以來各國的軍備競賽就可以知道，大家也的確都是（擴增，擴增），這是因爲互不信任，生怕被對手欺騙，心態上實非窮兵黷武，實在是因爲保家衛國，不得不然啊！

限武談判，虛晃一招？

雖然處於（擴增，擴增）的均衡，但是聰明的領導人知道這樣長期對抗其實只會耗損國力，如果可以確認大家都不擴增，專心發展經濟不是很好嗎？由（擴增，擴增）轉爲（不擴增，不擴增），限武談判就是這種思維下的產物，但是在沒有公正客觀的第三者監督下，限武協議容易淪爲一紙具文，大家

還是暗自卯足全力發展武力。回憶 4.3 提到溝通訊息的重要，在這邊又可以得到印證，美蘇的限武談判一開始也是各懷鬼胎，根本不願開放門戶，讓對方國家察看自己的裁武情況。一直到冷戰結束後，雙方才開始大量分享資訊，互相邀請對方參觀自己的核子試爆，更分別派遣人員到對方飛彈基地，實地監視對方拆核彈頭，互信程度大為提高。

4.7 Blu-ray Disc or HD-DVD？

新一世代的 DVD 規格戰已經到了短兵相接的地步，一派是由日本新力與其他業者支持的藍光（Blu-ray Disc）集團，一派是由日本東芝與美國微軟支持的 HD-DVD 集團，由於這兩大集團的利益衝突及產品的互不相容，為了讓自己的標準成為主流，雙方各自呼朋引伴，壯大聲勢，但消費者則因相容性問題而裹足不前，也讓家庭娛樂新一代產品的引進速度減緩，觀察家則認為將重演 1980 年代錄影帶 VHS 跟 Beta 以及 1990 年代末 CD-R+ 和 CD-R- 的規格戰。

互通有無

這種技術標準採用標準問題就相當適合以兩性戰爭賽局來分析。假設「歐藝影音」和「萬視達」是一對好友，他們正在選擇放影機，有「VHS」和「Beta」兩種規格，而也只能租看相同規格的錄影帶，如果他們選擇相同規格的放影機，則可以各自租片再交換看，如果買不同規格的錄影機，就只能租來自己看，所以從這段敘述我們可以寫下其報酬表：若同時選 VHS 或 Beta，各租一片可看兩片，所以報酬爲 2 單位；若買不同的規格，只能租來自己看，各得報酬 1 單位，表4-8顯示出這是個類似兩性戰爭格局的賽局，而兩個納許均衡分別爲（VHS，VHS）與（Beta，Beta），兩個都有可能是均衡，當然最後出現的是（VHS，VHS）。

表4-8　錄影機規格賽局

		萬視達	
歐藝影音		VHS	Beta
	VHS	(2，2)	(1，1)
	Beta	(1，1)	(2，2)

一步錯，滿盤皆輸

但爲什麼是 VHS 勝出？其實經專家研究，Beta 規格的錄影帶體積較小，畫質較佳，理應成爲主流，但可惜的是，主其事者過於托大輕敵，VHS 則利用折扣和促銷等手法搶先攻佔錄影帶店，而這種雙方的抗衡類似蹺蹺板，一旦一方佔有多一點優勢，就會產生連鎖效應，在表4-8，當你已經知道你的親友大都購買 VHS 規格錄影機，你當然會選擇 VHS 系統，就這樣最後「整碗捧去」，獨佔市場。

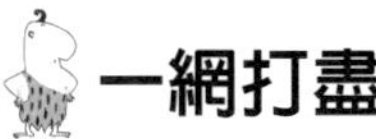

一網打盡

對於多重規格，另一個解決的方式是採納第二章海納百川的方式，研究出「通吃」的相容規格，這個讀者應該很熟悉，上個世紀末的 CD-R+ 跟 CD-R- 之爭，最後燒錄機業者提出通燒的方法解決，消費者根本不需要擔心相不相容。同理，這次 DVD 規格戰爭，據媒體報導，美國「華納兄弟」公司就研發一種能同時容納藍光與 HD-DVD 規格的光碟「Total HD」，希望透過爭取零售業者支持，及說服各片場以兩種現有格式燒錄自家影片與電視節目在同一張光碟的方式，刺激新 DVD 播放器與電影的銷售業績。

附錄二：瘋狂的天才

納許於 1928 年出生在美國西維吉尼亞州的工業城布魯菲爾德，家境富裕，他的父親是受過良好教育的電子工程師，母親則是拉丁語教師。納許從小就被描述爲一個孤僻、內向、離群獨處和缺乏社交技巧的男孩。 中學畢業後，納許進入了匹茲堡的卡內基理工學院攻讀化學，但很快的他就將眼光轉移到數學，並展現其過人的才華。在 1948 年獲得數學碩士後接受普林斯頓大學的獎學金，前往攻讀博士學位。

1950 年，年僅 22 歲的納許即在其僅 27 頁，以非合作賽局爲題的博士論文中提出納許均衡觀念，當時其文思泉湧，光芒四射，被稱譽爲數學界的明日之星，但在 1958 年，有數學界諾貝爾獎稱譽的「費爾茲獎」（Fields Medal）頒發，納許卻意外落榜，納許失望不已。但更令人意外的是，納許自此心智崩潰，經診斷爲妄想性的精神分裂症，不僅無法在學術界繼續發光發熱，甚至常常喃喃自語，舉止怪異，幻想自己爲南極國王，與外星人的神秘對談，解讀紐約時報的神秘訊息，陷入奇異的幻想深淵無法自拔。

1960 年代中期，納許在接受精神療養院的電擊和藥物控制後出院，他昔日同事四處奔走，爲他申請研究計畫，讓他回到普林斯頓大學，由於經常在校園遊蕩，成爲師生口中的「神秘

古怪的魅影」、「圖書館的瘋狂天才」，直到 1980 年代，納許才逐漸恢復理性。而也正在此時，諾貝爾獎委員會把目光瞄準在賽局理論，1984 年，納許的名字第一次出現在諾貝爾獎的候選人名單之中，經過長達 10 年的醞釀跟討論，決定在 1994 年將獎項頒給賽局理論的學者，但由於納許的精神痼疾及三位候選人的數學家背景讓委員會意見紛歧，最終只以極少數票差驚險通過納許、Selten 與 Harsanyi 榮獲該年的諾貝爾經濟學獎。

由於納許得獎過程的充滿戲劇性，成爲好萊塢製片家的絕妙題材，2001 年由男星羅素克洛（Russell Crowe）主演的「美麗境界」（A Beautiful Mind）將納許傳奇的人生搬上大螢幕，並奪下第 74 屆奧斯卡最佳影片，讓納許成爲有史以來最爲世人所熟悉的諾貝爾經濟學獎得主。

資料來源：美麗境界，西爾維雅.娜薩（Sylvia Nasar）著，時報文化，初版，2002

賽局高手——全方位策略與應用，巫和懋、夏珍，時報文化，初版，2002

CHAPTER 5 趨異選擇賽局

相較於第四章的趨同選擇賽局，本章則是玩家面對相同的行動選擇，當達到納許均衡時，要嘛就一個選 A，一個選 B，不然就剛好相反，總之就是錯開行動，所以又稱爲趨異選擇賽局。同樣的，由於納許均衡也通常不只一個，我們再補充上一章交代過的小中取大策略，讓讀者更熟悉其應用。

5.1 藤原拓海和高橋涼介的競飆

相較於兩性戰爭賽局的趨同選擇，接著要介紹的弱雞賽局則是趨異選擇賽局的原型，弱雞賽局又稱爲懦夫或膽小鬼賽局，這是因爲其英文爲 chicken game，（chicken 在英文中有懦弱、膽小的雙關意思），最早的故事是兩個年輕人同時開車衝向懸崖，誰先把車子轉彎或煞車，誰就是膽小鬼，較晚轉彎者就是英雄。在後來的版本或是香港的古惑仔系列電影中，轉變爲兩個年輕人在街道兩端相向行駛，將車子轉向以避免車禍的人是「懦夫」，不轉向的人是英雄，如果雙方都不轉向，將發生嚴重對撞，兩個人都受傷。很輕易的，我們可以寫下此一賽局的報酬表，如表5-1所示，假設藤原拓海和高橋涼介正進行弱雞賽局，雙方都不轉向的下場是得到 6 單位的損失，這是最悲慘的情況，而如果藤原拓海不轉向，高橋涼介轉向，藤原拓海將被視爲英雄得到 4 單位的報酬，高橋涼介將因膽小而被嘲笑，得到 2 單位的損失，最後如果雙方都轉向，兩人沒輸沒贏，都得到 0 單位的報酬。只要稍微檢查就知道在這個賽局有兩個納許均衡，分別是（轉向，不轉向）與（不轉向，轉向），顯然當英雄是不錯，但如果跟撞的稀巴爛比起來，懦夫也還可以接受，所以避免做出相同選擇是這類賽局的特點，然而我們並無法單純從賽局中推論那一個均衡會出現。

表5-1 弱雞賽局

		高橋涼介	
藤原拓海		不轉向	轉向
	不轉向	（-6，-6）	（4，-2）
	轉向	（-2，4）	（0，0）

納許均衡的迷思

在這邊可以先提一個觀念，很多人誤解賽局如果有納許均衡，眞的實驗「結果」一定不脫那許均衡，這其實是對均衡概念的誤解，怎麼說呢？因爲納許均衡只告訴我們：「當雙方都處於這個均衡，都沒有背離的誘因」，但卻沒說要怎樣達到這個均衡，其實在很多電影情節甚至現實生活中，我們可以發覺（轉向，轉向）與（不轉向，不轉向）常常出現，想像你是陳小春，面對對手是鄭伊健，你們彼此並不認識也沒聽說過對方，首次在幫派械鬥中被各自幫派推出來進行此弱雞賽局，你會怎麼想？也許兩人各自都在車中鑽研賽局理論，也知道有兩個納許均衡，但你就是不知道對方到底會不會轉向，既然不知道，你也就無法決定自己的最佳行動，隨著雙方的車子越來越逼近，握著方向盤的手顫抖著……，也許最後你隨機決定要不要轉向，而對手也是，則可能出現各種結果。當然，後文我們會繼續討論如何掌握資訊來準確預測賽局結果，在第七章我們也會繼續介紹這個賽局，說明玩家可以藉由一些小動作來贏得這個賽局。

焦點

在弱雞賽局中，如果對手在這之前的任何一次弱雞賽局都不曾偏向，即便有幾次因為對撞而送進醫院，至今仍是一尾活龍，那麼，基於過去經驗累積的信譽，你知道他的豐功偉業，而他也知道你知道他的輝煌戰績，此時的（不轉向，轉向）的納許均衡比另一納許均衡（轉向，不轉向）更可能出現。

5.2 窮兵黷武？或保家衛國？(2)

前文提到，弱雞賽局的重點在於大家都想虛張聲勢一番，壓過對手，但又得避免同歸於盡，落得滿盤皆輸。很多人都用弱雞賽局來分析美蘇兩大強權的軍備競賽，但這是大有問題的，就如同 4.6 所提及的，歷史上關於國家安全的選擇，各國都是爭先恐後買武器，就怕留給對手可乘之機，突然殺個你措手不及，那有可能對手軍備，我為了怕玉石俱焚，所以不提升軍備？

好死不如歹活

若眞要討論，有個可能是以小事大的小國悲哀。假設在魔域的西北邊陲，有個城市小國叫「苦境」，這國家由於太小，與魔域的實力差異過於懸殊。假設今天雙方邊界發生爭端，面臨要不要開戰的選擇，苦境地小人稠，一打就國破家亡，所以報酬爲 -20 單位，魔域則是談笑用兵，報酬爲 2 單位。當然，苦境也可以選擇不開戰，但魔域開戰，兵不血刃，長驅直入，所以苦境報酬爲 -10 單位，魔域則是 4 單位。若雙方都不開戰，大事化小，小事化無，則苦境報酬爲 4 單位，魔域則是 6 單位。因此，參考表5-2，這個賽局有一個納許均衡，就是（不開戰，不開戰），但要注意，這個賽局結構並非弱雞賽局，我們只是要告訴各位這比弱雞賽局更貼切描述戰爭對弱國的影響。

表5-2　戰爭賽局

		魔域	
		開戰	不開戰
苦境	開戰	（-20，2）	（-20，1）
	不開戰	（-10，4）	（4，6）

這個架構的重點在於不開戰是苦境的優勢策略，因此魔域也會因此選擇不開戰，但是苦境方面可能要付出一些代價讓魔域滿意，例如稱臣納貢，反正只要這些成本低於國破家亡就値

得。在中國歷史上，一些小國家幾乎都用這種方式苟延殘喘，但國祚倒也不短，有名的北、南宋，是最積弱不振的朝代，面對大遼、大金帝國的武力威脅，擅長的就是割地賠款加自稱侄皇帝等，結果反倒是北宋活得比大遼久，南宋活得比大金久，以小事大還眞是一門大學問哩。

5.3 春嬌與志明的熱線賽局

新婚不久的春嬌和志明總是熱線不斷，不過由於電話線路品質不佳，經常斷線，斷線後該由誰撥給誰成爲兩人默契的大考驗。這個賽局的報酬很簡單，如表5-3所示，很輕易的我們知道，與對方做出不同選擇是最好的決策，對方打，你就不打，對方不打，你就該打。

表5-3 春嬌與志明的熱線賽局

		志明	
		打	不打
春嬌	打	（0，0）	（1，1）
	不打	（1，1）	（0，0）

抽絲剝繭

雖然我們知道二人行動要錯開，但問題是就是不知道對方會不會打？其實很多人是同時打或同時不打，此時要如何才能接線成功，甚至成功預測是誰打給誰呢？

如果是對熱戀中的男女，我們推測男方回撥，女方等待的機率高，這樣才能展現男方紳士風度和女方衿持保守的價值觀。而如果是志明從公司打電話給家中的春嬌，則由免費的一方回撥機率較大，當然，如果二人都使用行動電話，而春嬌是使用前五分鐘免費的方案，那自然較有可能由春嬌回撥，這都說明，對細節瞭解越透澈，越容易精準掌握均衡結果。

另外，讀者可能都有以下經驗，在住家電梯上遇到半生不熟的同棟住戶，該熱絡寒暄也不是，冷漠以對也不是，雙方緊盯著跳動中的樓層號碼，等你好不容易找出話題要化解尷尬時，對方也突然開口說話，一時間大家又都在說話，最後又同時恢復寂靜，剛好此時你的樓層到了，得以逃開化解僵局。同樣的，一種方法是空手的人向提著大包小包的人問候，找到話題，而男生先開口向女生說話（搭訕？）則可能不是個好點子。

5.4 倚天炒與屠龍鑊的自助餐賽局

這是筆者自身觀察到住家周遭發生的有趣案例，在筆者居住的街上有兩家自助餐店家，姑且稱為「倚天炒」跟「屠龍鑊」，兩家剛好隔著街面對面，由於價位，味道都差不多，所以瓜分附近的客源。兩家自助餐店都週休一日，每週一到五正常營業，現在問題是星期六跟星期日。如果兩家都選擇同一天休息，比如說星期六，則星期六還是瓜分客源，但是星期日由於都沒有營業，損失掉所有客源。所以錯開來休假是比較有利的方式，接著我們給出兩家店家在選擇星期六或日休息的報酬表。

如表5-4所示，當倚天炒選擇星期六，而屠龍鏟選擇星期日，則雙方囊括所有客源，收入各爲 10 單位。而如果兩家選擇同一天，則因瓜分客源，兩家收入各爲 5 單位。

表5-4 倚天炒與屠龍鏟的自助餐賽局

		屠龍鏟	
		星期六	星期日
倚天炒	星期六	（5，5）	（10，10）
	星期日	（10，10）	（5，5）

實地觀察

這個賽局並不難，也有兩個納許均衡，分別是（星期六、星期日）以及（星期日、星期六），意思是兩家會選擇錯開，至於哪一個均衡會出現，筆者觀察到的是（星期六、星期日），但爲什麼會出現這個均衡呢？筆者曾經直接問倚天炒自助餐的老闆，他的講法是（原文節錄）：「這個喔……，大家都做得很久啦，剛開始是曾經同一天放……，但後來發覺錯開來放對彼此都有利……就一直延續到現在……誰也沒想到要再改變……。」

上述的描述可以歸納如下：

1.這是個靜態但玩多次的重複賽局，且頻率是每週一次。
2.老闆說：「但後來錯開來放發覺對彼此都有利……就一直延續到現在……誰也沒想到要再改變……」，此敘述符合納許均衡的定義，唯何以會出現（星期六、星期日）恐怕已經難以追查了。
3.老闆不懂賽局理論，其行爲卻跟賽局理論預測者完全一致。

5.5 十字路口賽局

記得在 4.6 中我們提到爲了國家安全，各國領導人普遍採用小中取大策略來處理軍備問題，同樣的，接著我們也介紹這個原則在趨異選擇賽局的應用，也順便討論納許均衡絕對依賴玩家理性的弊病。爲了凸顯這個問題，我們介紹十字路口賽局。

「暗夜狂飆」和「淚眼煞星」同時自南北方向和東西方向急駛接近一個十字路口，該路口沒有紅綠燈，兩人都面對直行或停下等候的決定，當有一方停下等候，另一方直行通過時，等候者因爲時間拖延，所以得到1單位的報酬，而直行通過者得到 5 單位的報酬，若雙方均停下等候，各得 0 單位的報酬，最後，若雙方均直行通過，將發生嚴重車禍，各得 -1000 單位的報酬。

表5-5　十字路口賽局

		淚眼煞星	
		等候	直行
暗夜狂飆	等候	（0，0）	（1，5）
	直行	（5，1）	（-1000，-1000）

參考表5-5，想像暗夜狂飆會如何選擇？當他預期淚眼煞星將等候時，會選擇直行通過，而他也知道，當淚眼煞星認爲他選擇直行時，會選擇等候，避免發生車禍，所以（直行，等候）是個納許均衡，同理（等候，直行）也會是個納許均衡。

一方出錯，萬劫不復

但其實這個均衡相當依賴對方的理性，如果那天淚眼煞星一時閃神，該等候卻直行，結果雙方都萬劫不復，損失慘重。事實上，這並不罕見，在很多車禍中，都是雙方預測錯誤：「我以爲他會煞車，那知他卻衝了過來……」，此時納許均衡缺乏考慮風險的弊病就顯現出來，但平實而論這或許不是納許均衡本身的問題，因爲在前面我們已經提及分析的前提就是玩家理性，我們並沒有討論到玩家出現不理性機率的問題，不過我們也可以趁此再應用小中取大策略，如果玩家的首要目標是避免掉受到最大損失的風險，則最後的均衡爲何呢？如果暗夜狂飆選擇等候，則最差狀況是淚眼煞星也等候，得到 0 單位的報酬；如果暗夜狂飆選擇直行，則最差狀況是淚眼煞星也直行，得到 -1000 單位的報酬，此時根據小中取大策略（就是 0

和 -1000 取其大者），暗夜狂飆應該選擇等候，這樣也許結局不是最好，但保證不會最差，所以小中取大策略又稱爲低風險策略（low risk strategy）。同理，如果淚眼煞星也是使用小中取大策略，那麼最後他也會選擇等候，此時的均衡就是（等候，等候），均衡結果是（0，0）。如果你是個謹愼小心的人，應該會對這個均衡感到滿意，但我們並無法就此判斷此均衡與納許均衡之間的優劣，畢竟他們的前提本來就不一致，讀者應學會在不同賽局應用不同均衡以尋求更合理的結論。

CHAPTER

6

其他賽局

本章是靜態賽局的最後一部分，由於仍有各種形形色色的賽局無法歸類在前幾章的類型中，所以在這邊介紹幾個具代表性的賽局，在這些賽局中，玩家們未必都有相同的行動選擇，也未必有納許均衡存在，也可能有無窮多個納許均衡，此時我們可以再找尋新的均衡觀念來應用，或者引進機率的概念解決。

6.1 ME TOO！

智豬賽局（boxed pigs）是一個相當戲謔卻寓意深遠的賽局。故事是某養豬戶養著兩頭豬，體型碩大的「山豬」跟嬌小可愛的「麝香迷你豬」。而養豬戶餵食的方法是在豬圈一端設有一食物槽，上有管道可以讓食物落到槽內，但是食物能否落下卻由另一端的按鈕控制。如果兩頭豬都不去壓按鈕（等待），則都沒有食物；而如果麝香迷你豬跑去壓按鈕，而山豬以逸待勞將食物全吃光，山豬可得 4 單位的報酬，麝香迷你豬不僅沒有得吃還要來回奔波，得到 -1 單位的報酬；如果山豬跑去壓按鈕，而麝香迷你豬以逸待勞，因麝香迷你豬食量小，山豬回來仍有食物可享用，所以麝香迷你豬可得 2 單位的報酬，而山豬只得 1 單位的報酬；最後，如果兩頭豬都跑去壓按鈕再回來吃，山豬可得 2 單位的報酬，麝香迷你豬得 1 單位的報酬。

最終的報酬表如表6-1所示，我們可以發現，「等待」是麝

表6-1 智豬賽局

	山豬		
麝香迷你豬		壓	等待
	壓	(1，2)	(-1，4)
	等待	(2，1)	(0，0)

香迷你豬的優勢策略，而山豬在知道麝香迷你豬一定會選擇等待的情況下，將選擇壓按鈕得到1單位的報酬，所以可以得到納許均衡為（等待，壓）。

能者多勞

此賽局隱喻著企業的部分行動最好是由「市場領導者」進行，比如說創新研發行動，其結果則可以解釋為何市場上的模仿風氣如此盛行。根據媒體報導（商業周刊，2004 年 2 月 23 日），在 2002 年美國運動鞋大廠愛迪達（Adidas）推出了拳擊鞋，創新的概念馬上受到時尚青少年的歡迎。一年後，市面上各種品牌的拳擊鞋滿坑滿谷，該公司表示：「me too 產品實在讓我們生氣！但我們沒有辦法防範，只好認命……。」由於抄襲點子風險低、成本低、完全合法，又不必苦心尋找創意，如果我們假設大廠是大豬，而小廠是小豬，而創新行為為壓下按鈕，則很明顯的，小廠沒有足夠財力進行研發創新，他的最佳策略就是等大廠創新，在市場掀起風潮之後，再模仿商品搭順風車，並低價促銷。

無獨有偶的，媒體披露（工商時報，2007 年 1 月 15 日），台灣醫療器材產業，由於廠商規模都不大，目前急需大型企業「老大哥」的帶動。這是因爲長期支持研發與開拓國際市場的資金需求龐大，除非有政府支持，或者由大企業進行創新研發，再技術轉移，否則難以立足。

6.2 是佛心來的？還是摸蜆兼洗褲？

這是我們提到公共財提供賽局的第三種類型，也是最後一種。假設善惡村中只有兩戶人家，「金包銀」跟「不值錢」，其中金包銀家大業大，到處都是他的果園、農地等等，不值錢則是窮困潦倒，家徒四壁。由於村里對外聯絡道路經過整修，交通方便，吸引不少外地來的人到村中閒晃，果園失竊頻傳，治安嚴重惡化。

於是在村長的協調之下，金包銀宣布，將捐贈數百台路口監視器，拯救治安，監視器帶來的治安好轉，不值錢也能享受到，所以是公共財，不過金包銀果眞是悲天憫人的大善人嗎？接著我們用以下的賽局分析：

摸蜆兼洗褲　別有居心

金包銀跟不值錢都有「捐贈」跟「不捐贈」二種選擇，對金包銀來說，捐贈有助於治安改善，自己獲益最大，當然不值錢也是可以雨露均霑，而如果大家都不捐贈，金包銀的損失首當其衝，不值錢則是無所謂。所以我們可以寫下報酬表：當大家都不提供時，不值錢無所謂，報酬爲 0，而金包銀損失慘重，得到 -5 單位報酬。如果二人都捐贈，不值錢沒事還多花一筆錢，也沒啥幫助，得到-1單位報酬，而金包銀身家性命得到保障，獲得 11 單位報酬。如果金包銀捐贈，不值錢不捐贈，則金包銀得到 10 單位報酬，不值錢也受到保護，得到 2 單位報酬。最後，不值錢捐贈，金包銀不捐贈，不值錢得到 -3 單位報酬，金包銀得到 10 單位報酬。

最後這個賽局的納許均衡是（不捐贈，捐贈），也許金包銀是相當自私的人，不想跟不值錢分享改善治安的好處，但想想捐贈的最大利益還是由自己獲得，也就不予計較了，至於不值錢從頭到尾都無所謂，扮演著搭便車者的角色。這個賽局跟智豬賽局相當類似，凸顯在道德公益的外皮掩護下，裡面包藏著的不見得都是赤誠無私的愛心。

表6-2　公共財提供賽局

		金包銀	
		捐贈	不捐贈
不值錢	捐贈	（-1，11）	（-3，10）
	不捐贈	（2，10）	（0，-5）

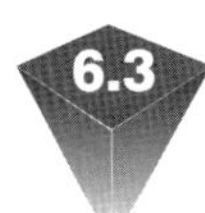

6.3 自助而後人助？

2006 年 8 月，在桃園縣有一名失業的貨車司機，用吊籃餵食女兒，引起社會關切。但之後衛生局介紹他二十多項的工作機會，都沒有成功，因此懷疑這位父親，根本只想要社會救助，而不想工作。這是一般社會救助的難題，給食物還不如教其自力救濟的方法，但受援助者較偏愛直接的實物救濟。

有名的福利賽局可以貼切描述這種社會福利措施的難處。假設有窮人「一窮二白」，面對一「大有爲政府」，原先政府不予以補助，一窮二白得到 1 單位的報酬，政府則因爲坐視貧富差距擴大，招來罵名，得到 -1 單位的報酬；而如果一窮二白偷懶，得不到社會的同情，政府也不會遭到苛責，各得 0 單位的報酬。而一旦給予救濟，而一窮二白仍努力工作，則政府補助有意義，一窮二白也可改善生活，各得 3 單位和 2 單位的報酬，但一旦一窮二白接受救濟就失去工作意願，只想讓政府養，則政府美意盡失，得到-1單位的報酬，窮人則坐享其成，得到 3 單位的報酬。

 沒有納許均衡

同樣的，參考表6-3，讀者可以觀察到，如果政府不補助，一窮二白最好工作，但一旦他工作，政府卻又最好補助。所以此一賽局是找不到納許均衡的。此一賽局深刻反應政府社會福利工作的困境，如何設計機制讓窮人自助而後人助，避免不勞而獲的心態，是該賽局延續探討的重點。

表6-3 福利賽局

		一窮二白	
		工作	偷懶
大有為政府	補助	(3，2)	(-1，3)
	不補助	(-1，1)	(0，0)

6.4 閃靈刷手的道德風險

續 4.5 提到的卡債悲歌賽局，由於卡奴自殺、犯罪頻傳，輿論要求政府介入處理，儘速建立有效的卡債協商機制挽救卡奴，然而這就跟福利賽局一樣，政府容易陷入左右爲難的困境。

道德風險

假設原沒有卡債協商機制，卡奴拼命工作還錢，得到1單位的報酬，政府則因坐視銀行高利貸吸血，招來罵名，得到-1單位的報酬；而如果卡奴根本不想努力工作還錢，則得不到社會的同情，政府也不會遭到苛責，各得 0 單位的報酬。而一旦有了卡債協商機制，而卡奴努力工作還錢，則政府努力有意義，卡奴也可重生，各得 3 單位和 2 單位的報酬，但一旦通過卡債協商機制，卡奴就等著債務打折甚至一筆勾消，則政府美意盡失，得到 -1 單位的報酬，卡奴則坐享其成，得到 3 單位的報

酬，這就稱為道德風險。則讀者可以觀察表6-4，如果政府沒有推動卡債協商機制，卡奴最好努力工作，但一旦他努力工作，政府卻又最好推動卡債協商機制，因此，這個賽局也是找不到納許均衡的。其實根據觀察，最後的結果是政府提出卡債協商機制，而卡奴們有的努力工作，有的則放爛債務，甚至尚有能力還款也要求零利率等協商條件，顯然是一樣米養百種人，的確是有道德風險產生。

表6-4 卡債協商賽局

		美珍	
		努力	不努力
大有為政府	卡債協商機制	(3，2)	(-1，3)
	無卡債協商機制	(-1，1)	(0，0)

6.5 分贓賽局

神偷和怪盜這組絕配這次的任務是撬開自動櫃員機，熟練的二人偷走現金 100 萬，兩人正在商議如何瓜分這些贓款，當然，兩人分到的贓款總和等於 100 萬，但若有其中一人不滿引起爭議，將會使竊案曝光導致鋃鐺入獄。

無限多個納許均衡

在這個賽局中，我們發現當神偷選定好 x（如 99）後，怪盜的最適選擇是 100-x（1），雖然看似很不公平，但如果他不接受，則分不到一塊錢還得被關，反之亦然，所以其任何分法均將落在 x+y=100 的線上，每點均為納許均衡。

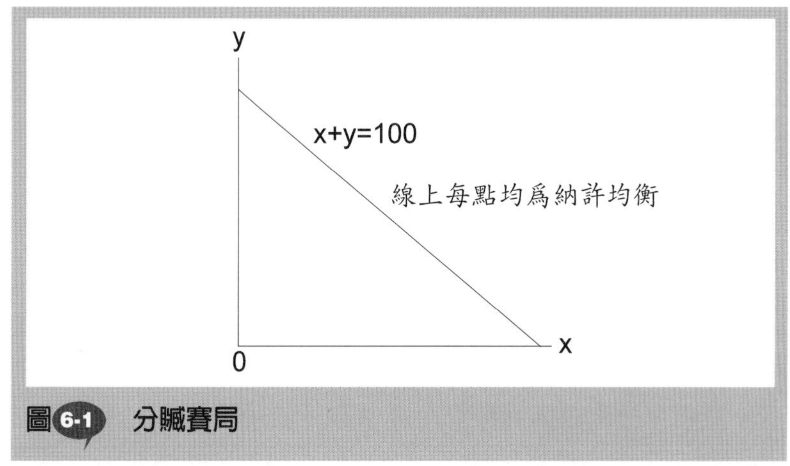

圖 6-1　分贓賽局

這個賽局告訴我們，納許均衡甚至可能出現無窮多個，預測起來難度更高。

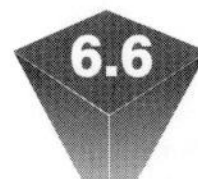

6.6 舉頭三尺有神明，你真的敢發誓嗎？

台灣的量販店或藥妝店屬於寡佔市場，近幾年這些廠商流

行喊出「天天都便宜」、「我敢發誓」、「我最便宜」、「買貴退 2 倍差價」的口號，根據媒體報導，爲了確保自己是眞的最低價，量販業者都有所謂的查價機制，都會派出小蜜蜂到對手地盤查價，「這些查價小組成員，多是剛從大學畢業的年輕女生，因爲這個族群本來就偏好逛街，可以降低競爭對手的防衛心。她們每天在賣場內搜尋，針對 1 千到 2 千項產品，做價格瞭解，每周還會製作價格報表，給公司參考。」（中時晚報，2004 年 9 月 16 日）。

瞭解對手的價格需要一些成本，所以大潤發曾經向家樂福試探雙方可相互開放查價，即時取得對手的產品售價的可能性（工商時報，2004 年 1 月 14 日），不過後來是不了了之，大潤發的用意是透過相關資源的整合，拉開與競爭者間的距離，在第一時間進行調價，可以塑造出保證市場最低價的品牌形象。讀者看到這裡，也許爲業者的努力感動不已，但，且慢，藉由賽局理論的解讀可以給你完全相反的看法。

假設家樂福跟大潤發都有高價跟低價兩種行動，其報酬如表6-5所示，根據檢查，我們知道賽局有優勢策略均衡，也是唯一的納許均衡，就是雙方都奉行低價，各得 25 單位的利潤。但是如果引進最低保證價格制度，又會有何改變呢？

表6-5 沒有最低保證價格的價格賽局

		家樂福	
		高價	低價
大潤發	高價	（40，40）	（0，80）
	低價	（80，0）	（25，25）

 包藏禍心

表6-6的賽局中我們加進最低保證價格的行動，如果大潤發採高價，而家樂福採最低保證價格制度，則等於雙方都採高價（此時「最低保證價格」的價格就是高價），而如果大潤發採低價，而家樂福採最低保證價格制度，則等於雙方都採低價，有趣的是，如果雙方都採最低保證價格，這有兩種可能，一是雙方都低價，各得 25 單位，一是雙方都高價，各得 40 單位，就雙方而言，都採高價顯然優於都採低價，所以我們得到其報酬爲（40，40）。最後讀者可以發現，雙方都採最低保證價格成爲此賽局的納許均衡。這個結論頗令人驚訝，雖號稱最低保證價格，但最終雙方利潤卻跟採高價一樣，這告訴我們，業者漂亮的促銷手段背後往往是冷酷無情的貪婪勾結。

但讀者可能仍半信半疑，畢竟報章雜誌上描述的業者爲了拼最低價使出渾身解數，言詞之懇切，態度之眞誠，在在感人熱淚，我們要相信誰呢？是不是從此要敵視業者的相關促銷活動？其實這也未必，雖然部分商品我們可以合理懷疑量販業者

表6-6 有最低保證價格的價格賽局

		家樂福		
		高價	低價	最低保證價格
大潤發	高價	（40，40）	（0，80）	（40，40）
	低價	（80，0）	（25，25）	（25，25）
	最低保證價格	（40，40）	（25，25）	（40，40）

確實是以最低保障價格來防止對手降價，不過，有些時候業者也有可能藉著犧牲部分商品利潤的方式，讓它們扮演領頭羊的角色來吸引顧客，所以如屈臣式的我敢發誓系列，保證低價商品只有如 DM 所陳列的，而非所有販售商品均保證最低價，且保證最低還有限制區域（如該店方圓 2 公里內）、商品型號款式必須完全相同等等，一旦消費者察覺非最低價，到店家履行退差價或兩倍差價承諾時，其時間、交通成本通常已數倍於該差價，得不償失，此時該最低保證價格並不適用賽局理論來解釋。

6.7 無嘴貓大戰櫻桃小丸子

台灣近年來超商前五大廠商的展店競爭日趨白熱化，造就台灣超商密集度世界之冠的奇蹟。且由於競爭激烈，7-11 推出蒐集 kitty 貓，全家就推出櫻桃小丸子互別苗頭，一時間熱鬧非凡。但你可曾想過，如雨後春筍般冒出來的超商，往往不到幾步路就一家，他們的位置是如何決定的？可不是想設在哪裡，就設在哪裡的。這個問題最早出現在經濟學的討論中，最原始的文獻中是以一條筆直的海灘的兩個小販爲例。小販賣的是清涼可口的冰淇淋，他們倆選擇在海灘的某個地方叫賣，假設戲水民衆平均分配在海灘線上，他們覺得小販賣的冰淇淋口味都一樣，所以爲貪圖便利，只向離自己較近的小販購買冰淇淋。

一開始我們假設兩個小販，「古早味」冰淇淋跟「界好吃」

冰淇淋，各自佔據在海灘線兩端，遙遙相對，如圖6-2，因爲各有一半的顧客離他們較近，所以中線以左的顧客向古早味買冰淇淋，中線以右的顧客向界好吃買冰淇淋，兩人各自佔有二分之一的市場佔有率（圖6-2以陰影表示古早味的市場佔有率）。

如果古早味靈光一閃，想著：我何必固守在這個端點呢？如果我移到 $\frac{1}{4}$ 處會怎麼樣？當古早味移到 $\frac{1}{4}$ 處時，離他較近的顧客有哪些呢？從圖6-3可以看出從最左端到 $\frac{5}{8}$ 處都會向他購買（$\frac{5}{8}$ 是 $\frac{1}{4}$ 到 1 的中點），此時他的市場佔有率就提高到 $\frac{5}{8}$，界好吃萎縮到 $\frac{3}{8}$。順著這個思路，只要古早味持續往右方前進，他的市場佔有率就會不斷提高，如果古早味來到中線位置，他的市場佔有率將提高到 $\frac{3}{4}$，而界好吃則下降到 $\frac{1}{4}$，如圖6-4所示。

但界好吃當然不會坐以待斃，他也可以如法炮製往左方移動，效果將如同上述分析一般，最後的結果就是兩人都跑到中線賣冰淇淋，如圖6-5所示還是一樣各自瓜分二分之一的市場，重要的是，此時兩人都沒有想要再移動的意願，因爲一移動，市場佔有率只會降低而已。

我們將小販在不同位址的市場佔有率以報酬表來表示，他們的選擇有中線跟非中線兩種，其中非中線以各自在端點處爲代表，則如6-7的報酬表所示，可以看出位於中線是雙方的優勢策略，從而（中線，中線）形成優勢策略均衡。

當然，現實生活中地理位置複雜，不見得都是直線的經營空間，客觀上，也不見就剛好可以選擇在中點，但儘量

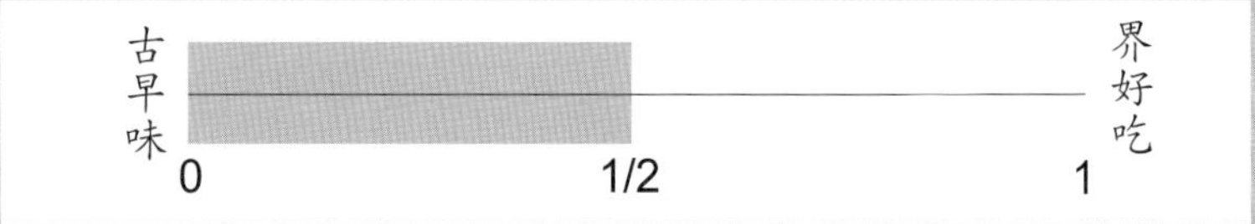

圖 6-2 古早味、界好吃各自在海灘端點，各占 1/2 市場佔有率

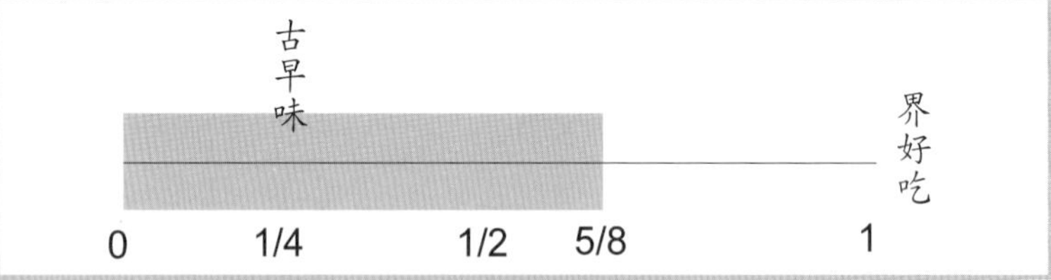

圖 6-3 古早味占有 5/8，而界好吃占有 3/8 市場佔有率

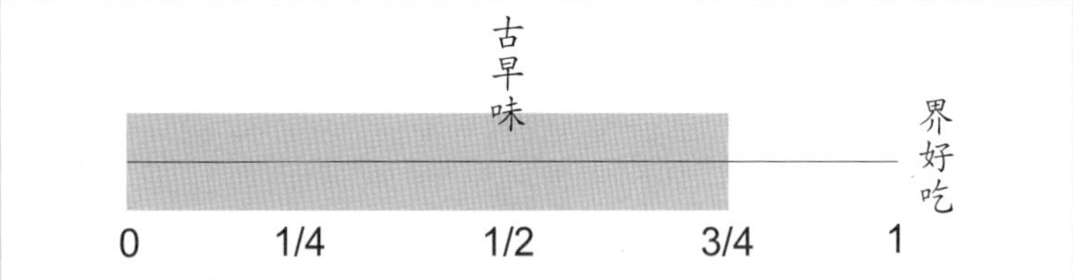

圖 6-4 古早味占有 3/4，而界好吃占有 1/4 市場佔有率

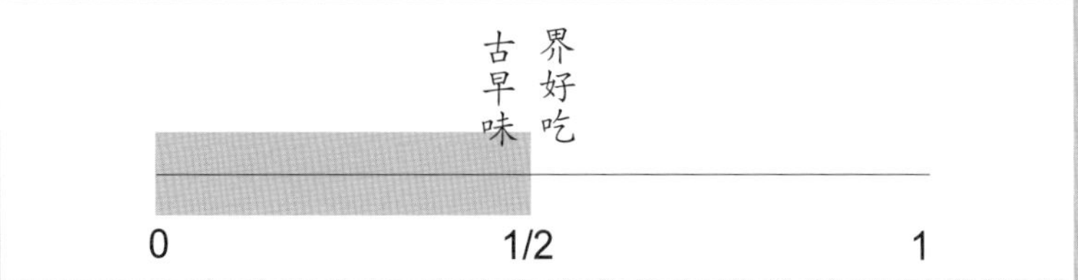

圖 6-5 古早味和界好吃都移到海灘中線，仍各自佔有 1/2 市場佔有率

表6-7 位置選擇賽局

		界好吃	
		中線	端點
古早味	中線	（0.5，0.5）	（0.75，0.25）
	端點	（0.25，0.75）	（0.5，0.5）

與對手比鄰而居仍然是個相當普遍的決策。一份調查生動的寫著：開店模式像在下圍棋，便利商店的戰爭由年頭打到年尾，從展店到促銷商品，無處不是戰場。

全家便利商店董事長潘進丁回憶：「當時每開一個新門市，就有對手在旁邊插店，爲了鞏固商圈，不得已只好在競爭店旁邊再開一家，用兩家自己的店夾殺對手店，到最後開店變得好像在下圍棋」。（資料來源：商業周刊，2005 年 6 月 20 日）

6.8 老帥的再上征途

以上選擇中線是優勢策略可以應用到各個領域，例如在應用到政治層面有了驚人的類似結果，各政黨政策會趨於中間路線以搶奪票源。在台灣的政黨統獨光譜中，如圖6-6所示，急統派與急獨分執兩端，而中間則有民進黨或國民黨，而所謂位址競爭的結果就是大的政黨的政見都向中間路線靠攏，以吸收最大的票源。

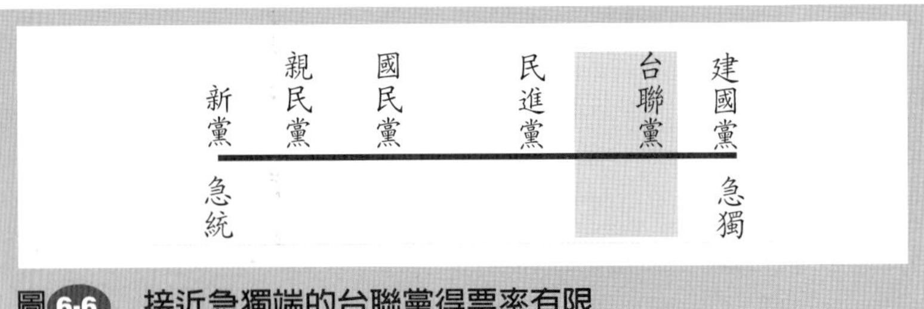

圖6-6　接近急獨端的台聯黨得票率有限

老帥出手

2007，素有台獨教父之稱的李登輝前總統接受媒體採訪，拋出：「不必再主張台獨，台灣只需正名制憲」，以及其子弟兵台聯將朝向「中間偏左」的路線前進，嚇壞不少政界人士，老帥出手，又是翻天覆地。

李登輝總統的用意並不難理解，台聯在近幾年的選情並不理想，其原因是民進黨的光譜佔據在中間及淺綠位置上，台聯只能固守在深綠一隅，得票率當然無法成長。而陳水扁總統在家族弊案纏身之際，失去了中間跟淺綠選民的支持，只好操作統獨爭議轉往深綠取暖，藉以擺脫孤立無援態勢，如此雙方同時搶食深綠票源，其前途可想而知。與其坐以待斃，不如重新定位，追求更廣大的票源，如圖6-7所示。

而其更厲害的一招是所謂的中間偏左，這不是以統獨爲左右兩端的空間，中間偏左在政治學上的定義不清，但在經濟學上，尤其是國家經濟制度運作方式，右派是指認同純粹資本主義的運作，衆所周知，這種方式強調市場經濟的效率，但卻帶來嚴重財富分配不均，財富集中在少數人手中，中間或許也有

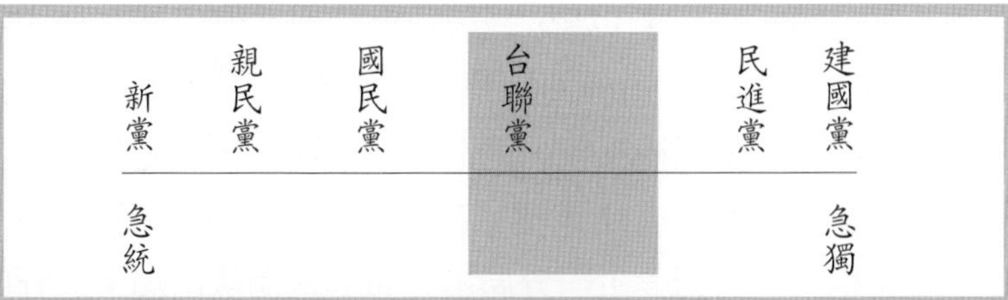

新黨　親民黨　國民黨　台聯黨　民進黨　建國黨

急統　急獨

圖6-7　尋求新的政治定位有助於接收新票源

純粹社會主義　台聯黨　純粹市場經濟

圖6-8　中間偏左的訴求一樣是為了獲得最多票源

一些中產階級，但令人印象深刻的是爲數龐大的赤貧。而另一個極端就稱爲左派，或是純粹社會主義，強調所得分配平均、公平正義與福利制度。所以中間偏左的意思，就是圖6-8所示，是指照顧市場經濟中，被犧牲的弱勢族群，這其實是看準台灣近幾年來所得成長停滯，財富不均擴大，更多人落入貧窮階級的現狀，意圖佔據中間路線獲得最大的票源。

6.9 童蒙遊戲露機鋒

在 1.7 曾經提及猜拳選總統，但這畢竟是開個玩笑，不過用猜拳解決爭端是日常生活中常遇到的，底下就是一個眞實的案例。在 2007 年新春伊始，報紙社會版面就傳出個有趣的新聞，台南市警第一、三分局因為同時抓到一個通緝犯，雙方為了通緝犯的歸屬僵持不下，為了避免傷和氣，決定猜拳決勝負。雙方連猜 3 拳，前 2 拳雙方都出「剪刀」平手，第三拳，三分局還是出「剪刀」，一分局出「布」被淘汰出局。一分局員警只好摸摸鼻子走人，到手的通緝犯便歸三分局所有。如果是你，對於猜拳遊戲，你會怎麼佈局？

我們重新將報酬表寫在表6-8，讀者可以發現這個賽局是沒有納許均衡的，假設三分局選擇剪刀，則一分局的最適選擇是石頭，但一旦一分局選擇石頭，三分局又最好選擇布…。感覺上雙方猜拳就全憑運氣，那麼學完賽局理論又給了我們什麼啓發呢？很可惜的，要完全解決這個問題是超過本書難度的，不過我們可以直接引述相關結論，用直覺思考倒也不難理解，但首先要先簡介混合策略的意義。

表6-8　猜拳賽局

		一分局		
三分局		剪刀	石頭	布
	剪刀	(0，0)	(-1，1)	(1，-1)
	石頭	(1，-1)	(0，0)	(-1，1)
	布	(-1，1)	(1，-1)	(0，0)

混合策略

在這之前，提到的策略都屬於單純策略，意思是玩家一次只能選擇一種行動，如兩性戰爭賽局中，快跑強尼只能選擇看棒球，或是看芭蕾，不可能兩者得兼。在猜拳賽局就是要嘛就石頭、不然就剪刀或布，只能是三種中的其一。但由於此賽局的特性，找不到單純策略均衡，讓賽局專家轉而尋求「混合」策略，意思是可以二分之一選石頭，四分之一選剪刀、四分之一選布，諸如此類。如果考慮到這種選法，那猜拳賽局就存在混合納許均衡。

賽局專家告訴我們，三分局跟一分局的最佳策略就是「三分之一的機率選剪刀，三分之一的機率選石頭，三分之一的機率選布。」而由於兩者都選用此策略，沒有人想更動，因此也構成納許均衡。

隨機出拳

很多人沒有統計學的觀念，所以也無法體會上述策略的含意。上述的策略其實就是告訴玩家要隨機出拳，白話來說，就是不要讓對手抓住你出拳的慣性或模式。在港劇「賭神」一劇中，新加坡賭王因爲蒐集賭神賭博時的上千捲錄影帶，發現賭神「偷雞」時（只是最後又證實是賭神故意讓新加坡賭王發現的），習慣摸摸自己的鑽戒，這就是被抓到做出決策的慣性，當然，最後賭神又利用新加坡賭王誤認爲賭神的某些特性來贏得賭局，但總之掌握對手的習性就是贏得賽局的關鍵。想像一下，如果你習慣在出布，且平手之後，改出剪刀，一旦對手察覺後，那他勝你的機率就大增。那麼如何做到讓自己出各種拳達到三分之一呢？這很難由自己控制，但可藉由一些道具完成。在黑色的箱子內裝有綠、白、紅三色的球各一顆，然後從箱子內拿出一顆，自己先決定拿出綠的出剪刀、拿出白的出石頭、拿出紅的出布，當然以上這些動作都不讓對手知道。由於自己不知道會拿出什麼顏色的球，也不知道自己會出啥，一切由拿出什麼顏色的球決定，這樣可以確保各個行動的機率是三分之一。

最後補充一點，各三分之一的出拳機率不是保證你在每次比賽都會贏，事實上你可能猜第一拳就輸了，他只是告訴你沒有任何出拳慣性的法則是贏的機率較大的出拳方式。

世界猜拳大賽

上述的分析跟實際的對戰經驗是不謀而合的，猜拳雖然簡單，但也有所謂的世界大賽，據世界猜拳大賽的獲勝者表示，只要善用心理策略，洞悉對方心理，要贏得比賽不難，例如最基本的技巧之一就是每場一定要用心戰攻擊對手，包括瞪著對方的眼睛、吼對手就能獲得許多優勢，也許這麼一吼，對手驚嚇慌亂，就一時沒了主意，容易出二次相同的拳，這樣要贏當然就很簡單了。

你來我往，機關算盡？

除了第三章用重複賽局解釋如何自囚犯困境中解套外，之前所提到的賽局都屬於靜態賽局，但如 1.7 所述，現實生活中有一大部分的賽局是出招者有先後次序的動態賽局，先出招者想的是制敵機先，後出招者則是見招拆招，試圖以扭轉頹勢，一來一往，好不熱鬧，我們有必要特闢章節來分析講解。同樣的，為了簡化起見，我們會假設玩家的可能行動、報酬都是透明公開的，大家都知曉，這又稱完全訊息動態賽局，相對的，只要有一項資訊不明，就稱為不完全訊息動態賽局，後者過於複雜，我們將直接略過。

7.1 看圖說故事

相較於靜態賽局中，報酬表是主要的分析工具，在動態賽局中則是樹枝圖（或稱賽局樹、決策樹），接著就介紹如何將一個賽局故事濃縮到樹枝圖中。

背景故事

為了說明，我們將以量販店的展店賽局為例來貫穿整個章節，假設「箇再來」量販店和「客來思樂」量販店都同時考慮在南太平洋「愛與和平」島國設立據點，該島國甚小，由於箇再來高層跟該國政要關係良好，所以由箇再來優先考慮是否進入市場，之後客來思樂觀察到箇再來的決定後，再決定要不要進入，在賽局的術語上，箇再來稱為先行者，客來思樂稱為後行者。

樹枝圖

上述故事並不難，但如果用樹枝圖來表是就更簡單易懂了。樹枝圖又稱爲賽局的擴展形式（extensive form）。如圖7-1所示，箇再來先決定行動，其有兩種選擇，設立或不設立，而客來思樂看到箇再來的決定之後，也決定要設立或不設立新據點，每位玩家對於自己可以做的選擇，以及對手已經做了或可以做的行動擁有完整的訊息，而對玩家各種行動之後的報酬也都了然於胸。例如，如果箇再來決定設立據點，而客來思樂也決定設立據點，則雙方的報酬爲（-1，-1），通常括號中數字前者爲先行者的報酬。圖7-1幾乎將所有賽局的故事細節交代無遺，更重要的是包含了有關時間的資訊，捕捉了玩家間的動態互動。

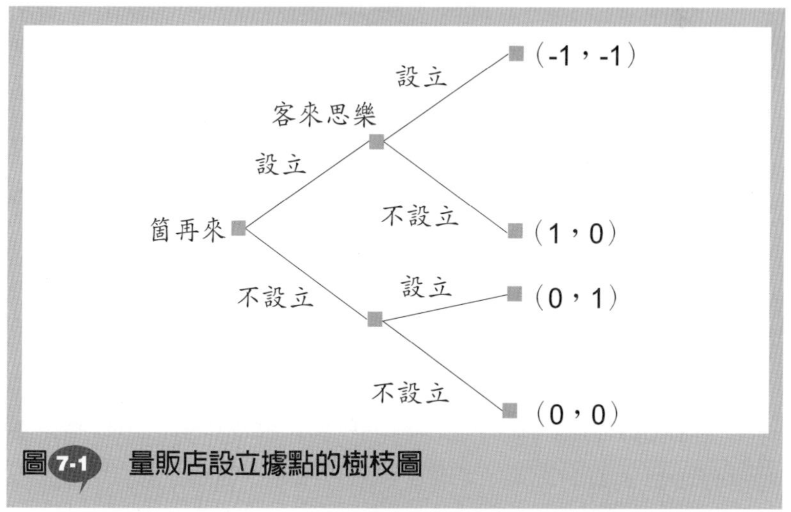

圖7-1 量販店設立據點的樹枝圖

7.2 按圖索驥

面對圖7-1這個賽局樹，我們想預測可能的結果是哪一個？賽局專家爲這種樹枝圖找到一個到簡單易懂的推理方式，稱爲倒推法（roll back）或稱爲逆向歸納法（backward induction）（回憶 3.7 中的倒推法，兩者極爲類似），這是找出動態賽局均衡最有效率的方法。

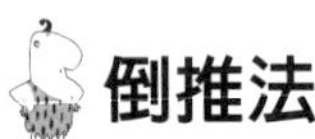

倒推法

既然稱爲倒推法，代表其解題方法是由後往前倒著推論回去，首先，在圖7-1中，先從客來思樂可能遇到的兩種情況著手：

1. 箇再來選擇設立：在這種情況下，如果客來思樂也硬是要設立，則兩者各得 1 單位的損失。而如果客來思樂不設立據點，箇再來得到 1 單位，客來思樂得到 0 單位利潤，表爲（1，0）。經過比較，客來思樂發現當箇再來選擇設立時，其最好不要設立。我們在客來思樂不設立的「枝」上以黑粗線標誌，並將箭頭朝向左邊，說明我們是由後往前推理。
2. 箇再來選擇不設立：在這種情況下，如果客來思樂設立，則箇再來得到 0 單位，客來思樂得到 1 單位利潤，表爲（0，1）。如果客來思樂也不設立，兩者各得 0 單位利潤，表爲（0，0）。經過比較，客來思樂發現當箇再來選擇不設立時，其最好要設立。同理，我們在客來思樂設立的「枝」上以黑粗線標誌，並將箭頭朝向左邊。

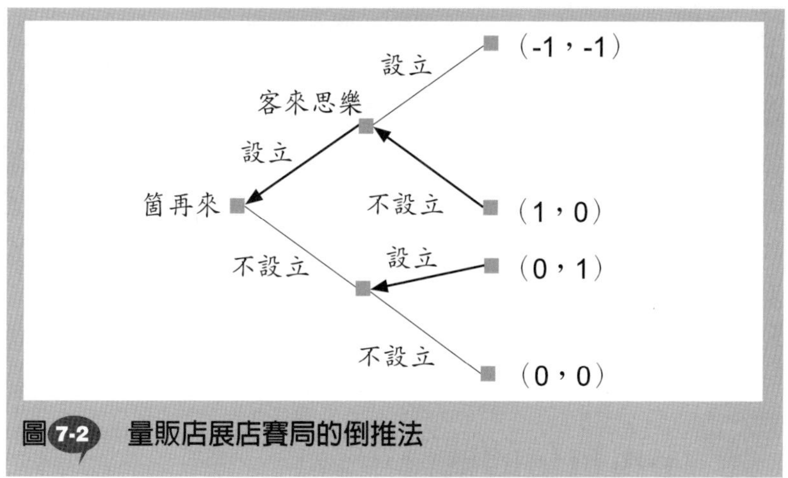

圖7-2 量販店展店賽局的倒推法

而箇再來雖然是先選擇，但是他是綜觀全局的，他早就思考過客來思樂的處境，也相當清楚他自己的決定如何影響到客來思樂。所以他仔細想想，那我當然要選擇設立，這樣一來客來思樂就不會設立，因爲設立會讓自己利潤更低！最後我們在箇再來設立的「枝」上以黑粗線標誌，並將箭頭朝向左邊，這樣就結束了這段推理，最後結果是箇再來選擇設立，而客來思樂選擇不設立，報酬爲（1，0）。

讀者要切記，眞正賽局進行的時候，是由箇再來先行，客來思樂後行，這也是賽局專家常說的：「向前思考，由後往前推論（think forward, and reason backward）」也就是箇再來並不是閉著眼睛瞎做決定，他必須預先全盤規劃客來思樂的所有反應後，做出通盤考量。

也是納許均衡

在靜態賽局中，一個重要觀念就是納許均衡，當大家都位於此均衡時，沒有人想要獨自偏離。在動態賽局中，箇再來設立而客來思樂不設立的決定是不是納許均衡呢？事實上也是，因爲雙方都沒有獨自偏離這個決定的誘因，但在進一步的討論中，我們會說明這跟靜態賽局的納許均衡稍有不同，這種均衡特稱爲子賽局精鍊納許均衡或子賽局完美均衡，當然，其中原委已超過本書難度，在此就略過不提。

7.3 不可置信的威脅

在圖7-2中因爲客來思樂的展店動作居箇再來之後，這讓他錯失良機，最後只好摸著鼻子離開。如果考慮展店順序不變之下，客來思樂知道整體的賽局發展，爲了不讓箇再來進入，他可以事先揚言：「如果你箇再來敢設立，我也不計代價設立，到時大家都虧損，不信就走著瞧……」。

識時務者為俊傑

但這個威脅到底有沒有效呢？賽局專家認爲「不值一哂」，其原因是廠商都是追求利潤極大化的，不可能明知沒有甜頭的事，偏要硬幹。所以不管客來思樂事前話講得多滿，多麼斬釘截鐵要跟箇再來同歸於盡，只要箇再來一旦眞的進入，其最好的選擇當然是偃兵息鼓，裝成啥都沒發生過一樣。這是動態賽局中很有趣的一個現象，客來思樂的威脅稱爲不可置信的威脅（not credible threat）或空洞的威脅。或者說，客來思樂在事前揚言不管怎樣，我都會進入展店的策略是一個行爲不一致（time inconsistent）的策略，因爲等到箇再來眞的設立，他就會立刻轉向，改爲不設立。

在此我們先補充一點，前文是由報酬判斷出某些策略是不可置信的，但在實務中，有些策略也是不可置信的，不過是從制度、法令面著手，以中油和台塑爲例，在 1999 年台塑石化油品剛上市時，台塑石化所支持的加油站第一個動作就是促銷，打價格戰，雖然中油也揚言如法炮製，但是因爲中油屬於國營事業，其任何機動的促銷策略受制於必須由董事會授權方可進行，對台塑石化而言，所謂如法炮製只是空洞的威脅。

7.4 家樂福大戰大潤發

箇再來和客來思樂的展店競爭可不只是我們虛擬的例子，隨著量販店的競爭白熱化，除了在日常營運價格策略上的推陳出新，廠商們在展店的競爭也已是短兵相接，而由於市場已趨於飽和，所以往往一山不容二虎，只要有一家搶佔先機，先行設立分店，另外一家只好另覓他處，是標準的先行者優勢。

先下手為強

大潤發總經理魏正元先生就曾經表示：「展店策略上，由於投資動輒上億元，開店之後，又不能輕易離開、退出，選點時，賽局理論的考慮便格外重要。」「有的市場規模小，只要有一家量販店進駐，就沒有第二家的空間，因此能否搶得先機、先佔先贏，便成關鍵。」「花蓮、台東都是這樣的例子，當地各有一家家樂福、大潤發；宜蘭地區由於人口有限，家樂福集結購物中心賣場進駐後，將迫使大潤發往羅東發展。由於量販市場競爭日劇，展店時必須考慮，對手未來是否進駐、瓜分市場，因此，業者多傾向開大店，「整碗捧去吃」，使對手打消念頭。」（資料來源：經濟日報，2006 年 1 月 2 日）

這些想法我們前文中的展店賽局如出一轍，而實際上，量販店的競爭仍有很多可用賽局理論加以解釋，我們將在後文中繼續介紹。

7.5 核武大戰　投鼠忌器

不自由　毋寧死

圖7-2的分析雖然簡單，但蘊含無窮眞理，用在軍備競賽上也相當貼切。想像美國跟蘇聯在冷戰時期的核武競爭，雙方都想把對方丟進歷史的垃圾堆中。假設蘇聯首先考慮要不要先

以核武攻擊摧毀美國，將美帝打得稀巴爛是很好，不過可也得考慮美國的反擊能力，假設美國因此反擊，雙方因此投擲更多的核彈，最終兩敗俱傷，通通從地球上消失，報酬假設爲-1000。而如果美國沒有反擊，成爲共產家族的新成員，民主的爸爸成爲奴役的階下囚，悲慘至極，正所謂不自由，毋寧死，則雙方報酬爲（100，-10000）。而如果雙方都不攻擊，只是叫囂，報酬爲（200，200）。

核武大戰，投鼠忌器

雖然兵法上經常講：兵貴神速，或是先發制人，但是這個賽局並沒有先行者的優勢，不管是美國或蘇聯先攻擊都一樣，他的重點不在於誰先攻擊，而在於先攻擊者必須考量對手的反擊，除非能將敵人一舉殲滅，否則就得先衡量承受對方大舉反攻的下場。

圖7-3可以看出，蘇聯不攻擊的原因是顧慮到美國的反擊能力，貿然侵略恐怕也將使自己人間蒸發，所以重點不在承受攻擊能力，而在於反擊能力，這才會讓敵人三思而後行。難怪謝林曾說：他認爲具有可信度的威脅及承諾可以有效的「戰勝」對手，或防止對手做出一些你所不願見到的舉動。他說：「具有反擊能力會讓你的對手三思而後行」，「最成功的戰爭不是一場徹底毀滅對手的戰爭，而可能是一場從未發生過的戰爭」。

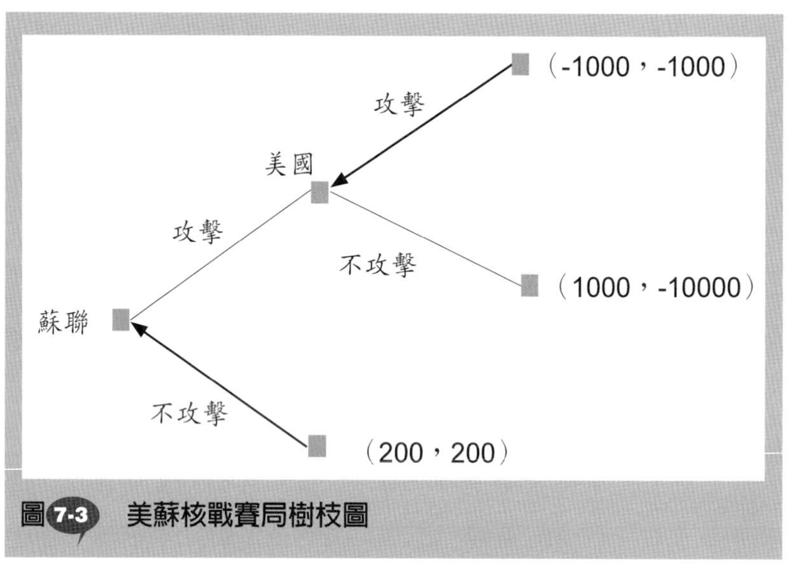

圖7-3 美蘇核戰賽局樹枝圖

有效的攻勢是最佳的防禦

其實上述的分析早已經是軍事學上最基本的信念之一，只是賽局理論將之形式化，用更邏輯的表達方式來展現，而面對中國的武力威脅，這種思維也提供對抗中國的台灣當局一個清晰的概念，那就是只有攻擊性的武器才能防禦中國的攻擊，或者說嚇阻中國的攻擊。

在過去，美國始終只願意提供防禦性的武器，近年來的彈道飛彈防禦系統更是鮮明的防禦性質，況且截殺率不高，賽局理論告訴我們其實台灣眞正需要的是攻擊性武器，因爲只要台灣缺乏攻擊性武器，類似圖7-3中，蘇聯若是知道美國一定不會（或無法）攻擊，則蘇聯當然一定選擇攻擊。此時中國可以在無需顧慮台灣反擊之可能損失的情況下攻擊台灣。但如果台灣也擁有長程彈道飛彈，那麼算計本身也將遭到攻擊的損失將使得中國考慮再三，形成恐怖平衡。

7.6 識時務者爲俊傑，面子 vs. 裡子

在完全訊息動態賽局中，倒推法是主要的解題方式，很意外的，我們藉由這個將理性發揮到極致的推理方式發現了一些與直覺相左的事實，稱爲連鎖店的矛盾（the chain store paradox）。

連鎖店的矛盾源自於有名的「動態進入嚇阻（dynamic entrydeterrence）賽局」，其賽局內容如下：假設西式速食店原先由「麥叔叔」獨佔經營，其在全國各縣市各有一家連鎖店，而由於商機誘人，在國外經營得有聲有色的「肯上校」有意進入台灣市場，爲了維持獨佔地位，麥叔叔考慮對肯上校進行價格戰，不過進行價格戰也會傷到自己，所以整個結構如圖7-4所示，假設原先麥叔叔有 2 單位的利潤，肯上校若加入市場，而麥叔叔不反擊，則將平分市場，各自擁有 1 單位的利潤，但如果麥叔叔反擊，雙方將兩敗俱傷，各自有 1 單位的損失。那麼這個進入嚇阻賽局的均衡結果爲何呢？再次的，我們利用倒推法可以迅速解決這個問題，如果肯上校果眞進入市場，麥叔叔最好是不反擊，可以得到 1 單位的利潤，而肯上校知道這個情形，所以他會選擇進入市場，因爲進入可以得到 1 單位的利潤，而不進入則得到 0 單位的利潤。此時麥叔叔威嚇肯上校將

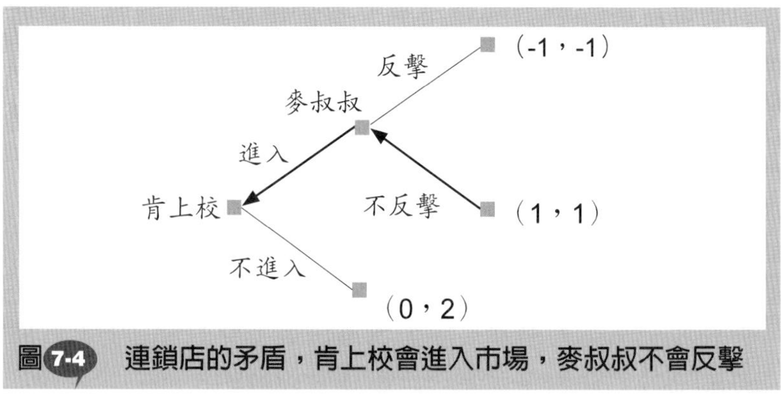

圖 7-4　連鎖店的矛盾，肯上校會進入市場，麥叔叔不會反擊

進行價格戰屬不可置信的威脅。

長驅直入　勢如破竹

而連鎖店的矛盾所謂何來呢？假設麥叔叔在台灣各縣市都是連鎖經營型態的分店（共 23 家），而肯上校則虎視眈眈準備一一攻城掠地，則最後的均衡結果會是如何呢？賽局專家的想法如下，我們先不管前面的 22 個市場結果為何？在第 23 個市場，因為雙方已經沒有下一個戰場，麥叔叔面對肯上校的進入市場，別無選擇只好不反擊，那麼在第 22 個市場，因為第 23 個市場選擇不反擊，第 22 個市場也沒有理由選擇價格戰導致較低的利潤……，最終在第一個市場也是肯上校進入，而麥叔叔不反擊，所以依循這個邏輯，潛在競爭廠商會一再進入市場，而獨佔廠商會一路不反擊。但一般人直覺上會認為，麥叔叔應該要殺雞儆猴，在第一個市場或第二個市場狠狠教訓進入市場的肯上校，讓他不敢再「猜想」其他市場，甚至趕快打退堂鼓，因為跟直覺不符，所以稱為連鎖店的矛盾。

以上的賽局其實可以視爲進入嚇阻賽局重複 23 次，而結果也說明雙方採取的策略（但重複次數必須有限次）與「只有一次」的「進入嚇阻」賽局是一樣的，也就是不管此賽局過去的歷史爲何，潛在競爭廠商會選擇進入，而獨佔廠商會選擇不反擊。連鎖店的矛盾後來則被擴大解讀爲「有限次重複賽局」的最適策略跟「只有一次」的最適策略一致的現象。

公說公有理，婆說婆有理之官方篇

續 2.8，當時我們提到業者利用囚犯困境賽局來解釋不可能貿然漲價，藉此爲聯合漲價脫罪，此似乎言之成理，但我們不能只聽片面之言，接著讓我們來看看公平會的懲罰是否合理，公平會這邊則是援引兩者的「價格預告機制」來揭穿聯合行爲的事實。

互通聲息

首先我們解釋一下公平會所利用的賽局的一些基本背景。不同於以靜態賽局來解釋，公平會認爲，在調價的行動上中油和台塑石化時常互有先後，但以中油爲先行者的機率較高，這是因爲中油在國內油品批售市場之市占率高達 70%，相對於台塑石化而言，其面對原油價格上漲所增加之成本負擔較重，所以中油按兵不動的承受能力較低，因此分析將以中油公司爲先行者。此外，中油爲刺探台塑石化可能之調價策略，曾在調價生效時點之前一日或數小時前，預先藉由大衆媒體發布調價訊息，並觀察對手的行動後，再選擇其最佳策略。由於台塑石化係國內油品市場之新進業者，爲持續搶奪國內油品市場，台塑石化之調價策略不曾高於中油預告之調價幅度。

假定中油是賽局之先行者，首先其透過預告調漲幅度之方式，來偵測對手的反應。由於台塑石化之調價策略不曾高於中油預告之調價幅度，所以當中油預告調漲 0.8 元時，台塑石化可以選擇的調價策略有 2 種，即調漲 0.8 元或 0.5 元。而當中油預告調漲 0.8 元，且台塑石化決定調漲 0.5 元，則中油面對競爭對手之調幅與本身預告之調幅不同時，中油又有二種策略選擇，即維持預告之調幅（調漲 0.8 元）或選擇跟進（調漲 0.5 元），而當中油維持原先預告時，因爲油品競爭激烈，將大幅失去客源，而導致出現 -2 單位的報酬，台塑石化則漁翁得利，得到 4 單位的報酬。而若中油選擇跟進，則雙方各得 2 單位的報酬。利用相同的方法，讀者可以解讀圖7-5 的樹枝圖。（資料來源：公平交易季刊，第 13 卷第 4 期）

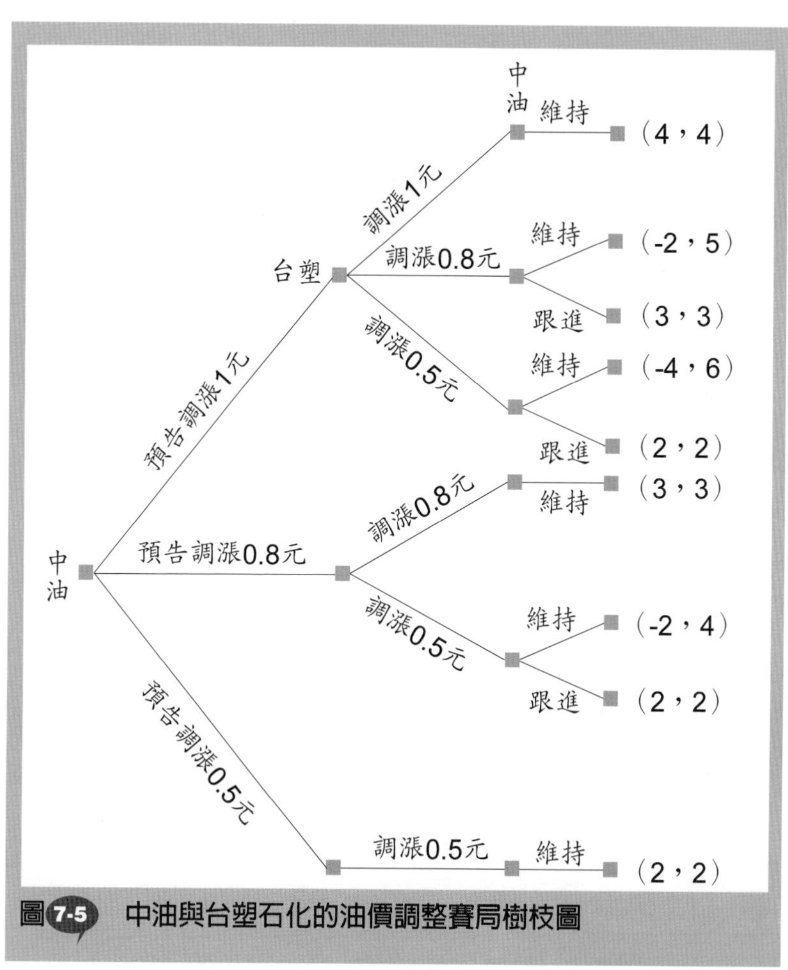

圖7-5 中油與台塑石化的油價調整賽局樹枝圖

接著，我們利用倒推法來說明最後的均衡結果為何？參考圖7-6：

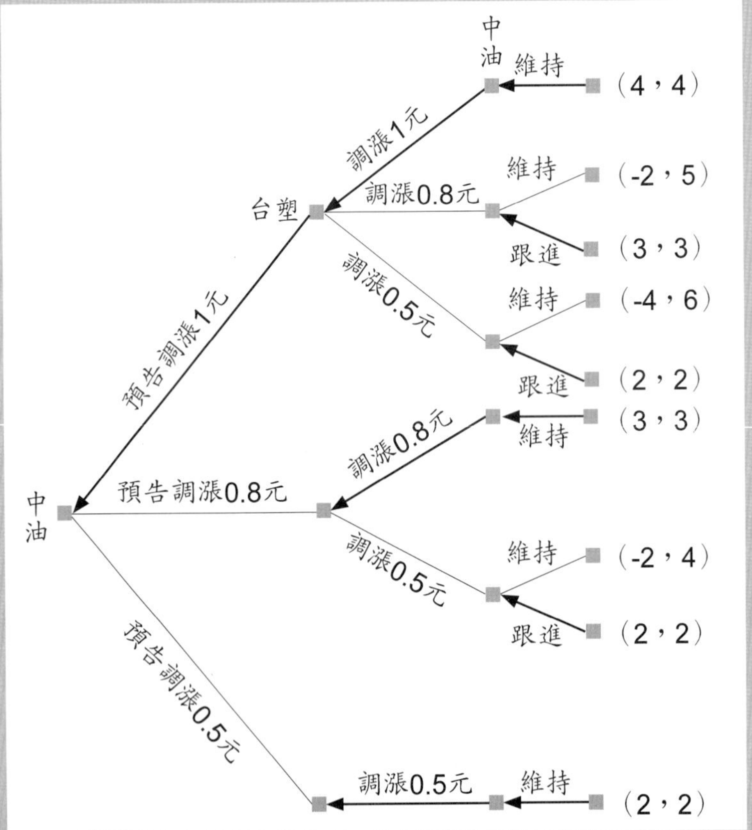

圖 7-6 經由倒推法知道，賽局均衡為中油調漲 1 元，台塑石化也調漲 1 元

1. 首先因爲最後的決策者是中油，我們先看括號中的第一個數字，當中油預告調漲 1 元，且台塑也調漲 1 元，而中油又維持，則可得到 4 單位的利潤；而如果中油預告調漲 1 元，且台塑只調漲 0.8 元，而中油維持 1 元，則得到 2 單位的損失，跟進得到 3 單位的利潤，所以兩相比較，在台塑只調漲 0.8 元的情況下，中油應該選擇跟進，得到 3 單位的利潤。同理，在台塑石化調漲 0.5 元的情況下，中油應該跟進，得到 2 單位的利潤。

2. 台塑石化知道自己調漲價格後中油的維持或跟進行動，所以根據倒推法，在中油預告調漲 1 元時，他應該選擇調漲 1 元，得到 4 單位的利潤；在中油預告調漲 0.8 元時，他應該選擇調漲 0.8 元，得到 3 單位的利潤。
3. 最後，中油在預見台塑的行動後，決定預告調漲 1 元，所以最後均衡結果是（4，4），也就是中油預告調漲 1 元，台塑聞訊調漲 1 元，中油也維持原預告。

公平會的這個模型說明兩大油商藉由預告調漲幅度進行勾結，當然其模型並非十全十美，例如台塑石化也曾多次率先調整價格，或者中油宣布調漲油價，而隨後台塑石化調幅不若中油，導致中油只好回過頭來跟隨的糗事，整個調價行爲其實相當複雜，一個簡單的賽局模型自是不可能完全涵蓋，如果再跟 2.7 相較，那麼得出的結論更是南轅北轍，誰比較有道理呢？這其實又回歸到我們在第一章提及的，能否對問題做出適當簡化攸關分析品質，在這裡兩者是從不同角度切入，是無法分出對錯的，讀者應該知道，這種難有結論的爭議在經濟學界是稀鬆平常的。

7.8 深口袋戰術 恃吾有以待之

在 2.5 中，我們利用完全靜態賽局的架構，套用囚犯困境解釋「產能過剩」常是卡特爾崩潰的主因。不過，根據學者對台灣麵粉業的研究，發覺這個產業的卡特爾成員反倒是都建立起一個龐大的閒置產能，從而形成甚低之設備利用率，照道理講這樣不就更有偷偷增產的動機嗎？不過這個卡特爾組織運作卻未見崩潰？原因爲何呢？

這個現象要用動態賽局的架構來分析才能得其精要，見圖7-7，有好事多跟喜洋洋二家麵粉廠，假設好事多向來是卡特爾集團中的壞份子，總絞盡腦汁想增產揩油，若雙方均無過剩產能，好事多增產需耗費較多成本，但相較之下仍有賺頭，若喜洋洋未跟進，其報酬爲（4，-2）；而若喜洋洋威脅好事多，若發覺其增產將會大量增產來報復，但因爲喜洋洋並沒有多餘產能，所以他將付出極大成本，假設雙方的報酬成爲（-1，-10），經由倒推法知道，均衡爲好事多增產，喜洋洋不增產，所以喜洋洋的威脅不可置信。（資料來源：馬泰成，損人不利己的聯合行爲：麵粉卡特爾的案例分析，中山管理評論，2004 年 6 月）

恃吾有以待之

但今天如果喜洋洋保留龐大產能的話，則結局將大不相同，因爲大量開出產量成本相對低廉，我們假設雙方的報酬爲

（-1，-1），則圖7-8的樹枝圖告訴我們，此時的均衡改為好事多不增產，換句話說，喜洋洋增產的行動將成為可置信的威脅。如果好事多斗膽增產，則喜洋洋增產的報酬是要高於不增產的，由此說明龐大閒置產能可以視為是卡特爾組織對於欺騙的懲罰機制，在此一機制下，倘有參加成員違反君子協定，秘密增產，則所有成員均將全面開工，進行割喉型態之價格競爭，而導致產業內所有事業破產倒閉。

最後，讀者可能感到疑惑，同樣是有過剩產能，一個用靜態賽局解釋，是導致彼此有背叛動機的元兇，一個用動態賽局解釋，卻反而成為防止背叛的工具，到底那一個對？這個問號對初學者而言是正常的，我們要說明的是用不同架構的理論解釋原本就會得出不同的結論，而這個章節的目的只是打破「過剩產能=殺價競爭」的錯誤觀念，並提供合理的邏輯解釋，那讀者可能會好奇：「以後如果遇到有過剩產能的卡特爾，是該說他們陷入囚犯困境？還是說他們以過剩產能防止降價競爭？」

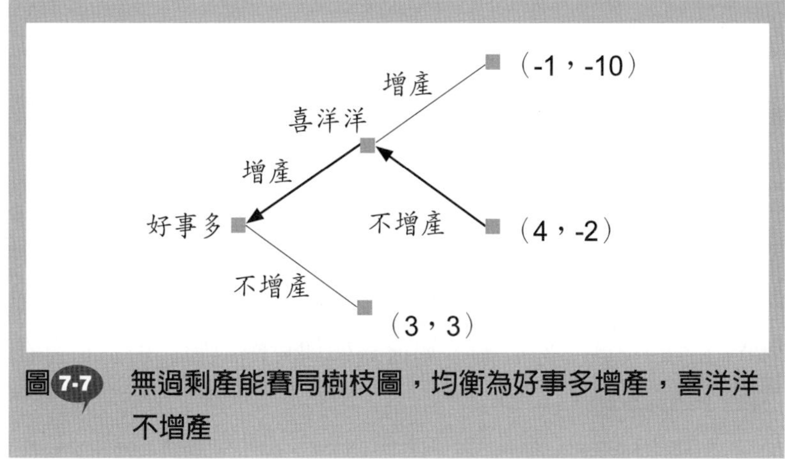

圖7-7 無過剩產能賽局樹枝圖，均衡為好事多增產，喜洋洋不增產

這當然必須視產業的實際狀況而定，即便是其中一種，也不一定用賽局理論來解釋就一定正確，也有可能有其他產業獨有的影響因素造成，此仍必須深入蒐集資料、查證才能做出結論。

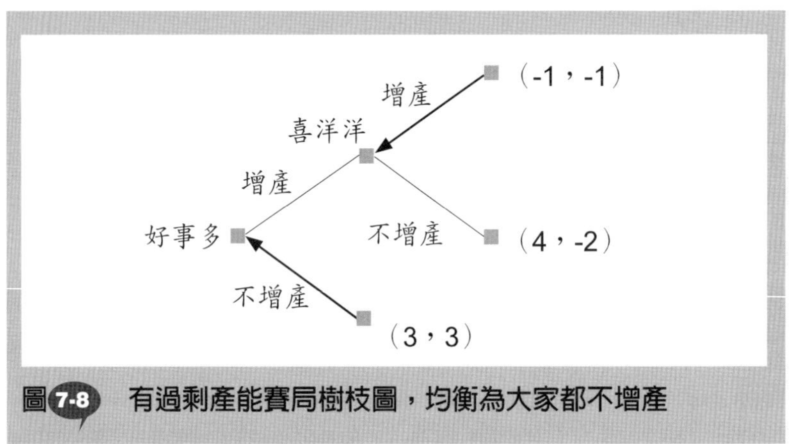

圖 7-8 有過剩產能賽局樹枝圖，均衡為大家都不增產

7.9 先佔先贏還是黃雀在後？

在 7.2、7.3 的展店賽局中，先行者有很明顯的優勢，箇再來先選擇設立，則此一既定事實迫使客來思樂選擇不設立，最終只能乾巴巴的看箇再來坐享利潤，這稱爲先行者的優勢。

當然，不同模型，不同故事，套用到賽局理論後就會有不同的結果。通常人們以爲先發制人，後發而制於人，但也有「以不變應萬變」、「敵不動，我不動」的說法，顯然後行者對先行者的招式了然於胸，知道該如何克敵致勝，所以也存在著後行者的優勢。

先行者的優勢　早起的鳥兒有蟲吃

商業行為中的先行者優勢相當普遍，在我們舉的例子中，量販店除了在展店有先行者的優勢外，每年的促銷活動一樣面對這個問題，大潤發的總經理就曾表示：「除了同業間競爭，量販也面臨異業的賽局，魏正元說：以往大潤發周年慶排在 11 月，但百貨周年慶多在 10 月，造成消費者荷包的競爭，量販店周年慶生意大受影響；近年大潤發將周年慶提前到 10 月，雖然造成消費者時間的競爭，至少業績回復水準。」（資料來源：經濟日報，2006 年 1 月 2 日）

此外，如果各位讀者有注意到，過去電視新聞報導多是整點播出，然而後來有新聞台發現，觀眾大都在整點之前就坐在電視機前面等著收看新聞，於是就有人 58 分就開始播新聞，這家電視台看別家 58 分播出，就又提早到 55 分播出，大家越來越早，這就是因為播放新聞具有先行者的優勢。最後我們可以再舉出一個例子，讀者或許也有看過，在住家隔壁的一樓突然有天掛出個紅布條，上面寫著：「××便利商店」或「××房屋」即將在此為您服務，這除了有廣告的成分在外，也有警告其他也有意在附近地區展店的同業的意圖，畢竟如果沒有如此傳遞訊息，萬一對手也選擇在此展店，但不知道附近也已經有人準備裝潢營業，若完成簽約等程序，也只能硬著頭皮競爭，所以先行公告也有先佔先贏的味道。

 後行者的優勢 前浪死在沙灘上

當然，不同的賽局可能先行者較爲吃虧，也稱爲後行者的優勢，例如分蛋糕賽局，孔融、孔洽兩人分蛋糕，由孔融負責切蛋糕（先行者），孔洽則先挑選（後行者），在這個賽局中除非孔融有把握切個完全相等的蛋糕，否則孔洽必然先挑走較大的蛋糕，此時後行者的優勢相當明顯。相信不少讀者都有在台灣奇摩網站競標商品的經驗，一件熱門商品開始競標時，初始一定沒啥人願意下標，但在結標前幾分鐘，甚至幾秒鐘，就會有一堆網友競相下標，這是因爲過早曝光容易吸引對手追價，不如等結標前再下手，而且越晚越好，這稱爲狙擊（sniping）。但這種狙擊會讓眞的有心購買的買家必須枯坐在電腦前，不利交易進行，之後台灣奇摩變更遊戲規則，新增「自動延長時間」功能，也就是在拍賣結束前五分鐘內，若有二個以上的人出價，拍賣活動會自動延長五分鐘，只要一直有人競價，賣場便會持續延長，這就根本摧毀後行者的優勢。

當然，也有可能賽局本身根本沒有先行者的優勢或後行者的優勢，不過其受影響的層面必須視個案而定。上一章的便利商店例子中，其實現今 7-11 獨領風騷絕非偶然，因爲這是經過多年深耕市場，在展店過程中搶得絕佳的地理位置，或者摸索出經營上的 know-how，築起讓後進者難以超越的進入障礙。然而如果細數這幾項因素，又只有地理位置是眞正難以克服突破，是標準的先行者的優勢，其他並非決定性的因素。在網際網路的風行下，線上購物系統的架構成爲企業行銷的利器，但

這種商業行爲就沒有所謂的先行者的優勢，學者常以亞馬遜（Amazon.com）的例子來說明，亞馬遜自 1995 年 6 月創立以來，藉由創新的網路行銷手法快速打敗美國實體連鎖書店的龍頭 Barnes & Noble， Barnes & Noble 見狀也進入網路行銷的虛擬市場，並且處處複製亞馬遜的行銷手法，也獲得相當的成果。

不過，類似的問題在台灣又有不同的發展，台灣入口網站最早是蕃薯藤獨大，但後來被奇摩雅虎超越，自此流量大的網站大者恆大，這是受惠於遇到網際網路行銷技術成熟的良機，自此後行者再也很難追上領導者。

最後，我們再舉一個跨國企業的例子，說明先行者的優勢跟後行者的優勢可能並存，各自在不同層面發揮他們的影響力。國際知名的化妝品公司雅詩蘭黛於2006年於中國設立分公司，較另一家化妝品界的巨人萊雅慢了五年半。其中雅詩蘭黛只推出高級昂貴的化妝品，而萊雅則是從高級到大衆的品牌都有。在2006年，雅詩蘭黛在高階產品的市場佔有率攀升到50%，取得輝煌成果。雖然是市場的後行者，但其總裁普洛維卻認爲：「有時比別人稍晚，可以避免第一步就踏錯路，尤其選錯地點。在中國要找好地點的機會非常少，像有一家很有名的競爭者，90年代很快就衝進去，結果很快關了一堆店，因爲消費者沒印象……」，「我們別無選擇，我們是一線品牌，消費者不是一開始就有能力使用我們的產品……」，……後進者沒有那麼糟，總有好處和價值。我們利用這種晚進場的劣勢擬定策略，也就是大眾產品總是市場的打頭陣部隊，消費者先在超市買化妝品，等到更有錢之後，慢慢才學會使用高級品。」

但即便如此，普洛維也認為後行者有其不利的因素：「後行者必須追趕市佔率，這比較難，因為要投資更多，做廣告、打知名度等。……在北京、上海的市佔率因此處於相對弱勢……，如果可以，我們應該早個三、五年進軍。」。（資料來源：商業週刊第 1016 期）

7.10 黃色巨人的壯士斷腕

在 7.6 中，動態進入嚇阻賽局的結果是潛在廠商一再攻城掠地，而獨佔廠商只能隱忍退讓，威嚇要報復只被視為不可置信的威脅。那獨佔廠商有無可能忍痛犧牲短期利益，狠下心來殺價教訓進入者，也讓有意進入的潛在廠商知難而退？要回答這個問題，必須引進長、短期利潤的觀念，且也必須超越圖7-4的架構。

信譽問題

經濟學家很早到意識到這個問題，實務上也不乏這種極端的廠商，例如台灣的燦坤電子。燦坤電子（因為其企業識別顏色為黃色，故有黃色巨人的稱謂）是行事風格極具爭議的廠商，幾次割喉式的殺價都引起不小的波瀾，但因為一次又一次的強硬作風，累積了其對對手進行反擊的可信度。當然，其風格型塑來自創辦人吳燦坤。

吳先生曾在燦坤 13 週年慶的記者會中宣稱：「燦坤將定

位爲高科技電子設計製造服務商，凡是想跟燦坤競爭的潛在進入者，燦坤都會讓它進退不得……。」燦坤公司在設計，與製造的優勢，從訂單成果來看，在同業間明顯造成凶悍的嚇阻作用；燦坤目前每二天設立一個新產品，廈門燦坤產品自製率高達95%，研發團隊與客户共同形成整齊，快速的供應鏈，成爲客户新產品群中高附加價值的重要核心。（資料來源：燦坤官方網站高峰論談。）

吳燦坤這一番話是要說明，燦坤絕對有殺價的本錢，誰膽敢挑釁，燦坤要讓他灰頭土臉，然而，從圖7-9的架構來看，燦坤價格戰的利潤絕對不可能比沒有價格戰高，因而對競爭者來說，理性的燦坤應該選擇和平共存，所以潛在廠商可以高枕無憂進入，類似「凡是想跟燦坤競爭的潛在進入者，燦坤都會讓它進退不得」的說詞其實並沒有說服力。不過，從歷史經驗來看，燦坤絕對是那種爲了教訓對手，不惜賠本銷售的廠商，這是考量到「大家都在看！」，爲了讓更多有意進入的廠商止步，以現在的價格戰來殺雞儆猴，預防未來更多的價格戰是

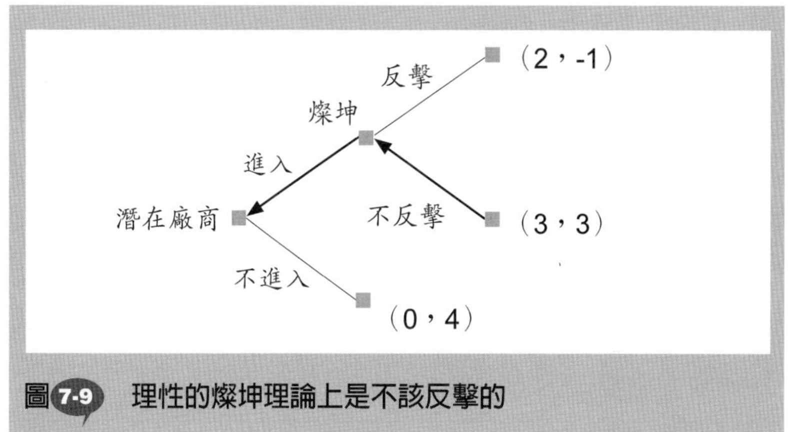

圖7-9 理性的燦坤理論上是不該反擊的

可以理解的作法，也就是廠商必須培養「不容挑釁」的信譽（reputation），雖然從信譽角度來看似乎與倒推法的結論相左（因爲一旦潛在廠商眞的進入，獨佔廠商應該要和平共處），表面上看似非理性，不過長期下來反而累積不理性的信譽，每個對手都知道這家廠商恐怖的報復手段，反而眞正達到嚇阻效果。而讀者要注意，倒推法是應用在完全訊息動態賽局，一切都是資訊透明，但實務上到底有幾個潛在廠商，他們的報酬到底是多少沒人知道，此時利用信譽來設立競爭門檻可以迅速排除這些問題，所以也有經濟學家稱此爲理性的非理性行爲（rational irrationality），外表看似不理性，其實還是深謀遠慮，機關算盡的。

7.11 你有張良計，我有過牆梯

既然連鎖店的例子中獨佔廠商無法嚇阻的原因是威脅被視爲空洞而不可置信，那麼有沒有可能獨佔廠商在賽局之前採取某種措施改變自己的行動空間或報酬，將原本不可置信的威脅改變爲可置信的威脅？

扭轉乾坤

答案是有的，而且在實際商業活動中還非常普及，我們稱這些爲改變賽局結果而採取的措施爲承諾行動（commitment）。此承諾行動要能夠有效運作，必須符合兩個要件，一是行動必須是對手可察覺的（observable）；二是它必須不可逆（irreversible）。而承諾行動本身也有強弱之分，我們將在下文介紹。

以 7.6 中連鎖店的例子來說，麥叔叔可以先自行擴廠，大張旗鼓購地蓋廠，搞一貫化作業，弄中央廚房等，藉由規模經濟來降低成本，這個動作不僅對手觀察得到，也無法撤回擴廠計畫，而其用意在於改變賽局的報酬，如圖7-10所示，在圖中，上半部麥叔叔不擴廠的部分與圖7-4一致，重點在於下半部

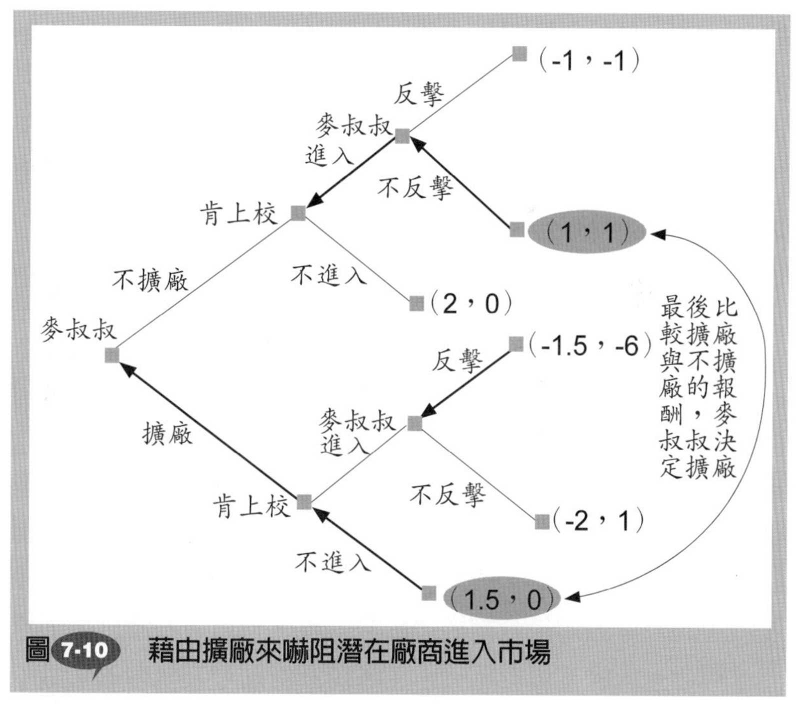

圖7-10 藉由擴廠來嚇阻潛在廠商進入市場

擴廠之後，但注意此時括號中的報酬前者是麥叔叔，因爲此時麥叔叔是先行者。我們可以推測，因爲擴廠之後，麥叔叔藉由規模經濟降低成本，更有籌碼可以打價格戰，假設肯上校不進入，麥叔叔擴產，則麥叔叔有 1.5 單位的利潤，而若肯上校進入，由於有本錢殺價，麥叔叔雖然只有 1.5 單位的損失，但是卻讓肯上校遭到 6 單位的鉅額虧損，而若麥叔叔不殺價競爭，其有 2 單位的損失，對手獲得 1 單位的利潤。在此我們先補充一點，若麥叔叔擴廠，肯上校進入卻不殺價，將無法衝高產量，反倒得負擔固定成本，所以損失最大。而麥叔叔若擴廠，且肯上校不進入，廠商得面對擴廠支出和生產成本得以降低的綜合效應，在此我們假設其利潤仍降低 0.5 單位。而此時從新的樹枝圖可以推得，最後結果是麥叔叔擴廠，而肯上校不進入市場，完全達到麥叔叔獨佔市場的目的。在上述的策略應用中，麥叔叔係利用擴廠來改變潛在廠商進入後價格戰的報酬，這種策略稱爲不完全的承諾，後文將介紹更強的完全的承諾。

真真假假　虛虛實實

當然，獨佔廠商未必要用到擴廠這麼大的動作來逼退潛在廠商，有時只要讓潛在廠商相信他眞的會擴廠就足以嚇阻，比如說他可以在各大報章媒體放出消息已經談妥土地買賣並簽訂合約，但這其中的承諾程度就比較弱，潛在廠商合理懷疑獨佔廠商只是故弄玄虛，放假消息，而且獨佔廠商隨時可以喊停（可逆的）。但如果合約經過法院公證，一旦違約將付出天價的違約金，或者經由總統接見，表揚其促進地方繁榮的功勞，那麼承諾可信度就大大提高了。總之，其策略運用之妙存乎一心，往往融和心理等各層面的運用，但追根究柢仍是要改變其報酬，影響最適決策。

7.12 封阻策略

不同於改變報酬，改變自己行動空間就是所謂的封阻策略，例如在 5.1 中的弱雞賽局，其中一方可以用工具將方向盤固定住，宣示自己絕不轉向，只不過如此做還是有可能千鈞一髮之際轉向，所以這個承諾的可信度不如衆目睽睽下將方向盤拆下丟到一旁（可觀察到），相較於前文中的不完全承諾行動更爲堅決，因爲行動（轉向）的可能性完全消失，我們稱此爲完全承諾（total commitment），而如圖7-11所示，當方向盤拆下後，轉向可能性完全消失，則該賽局的最後均衡就是藤原拓海不轉向，而高橋涼介轉向。

回到 7-6 連鎖店的例子，麥叔叔要封阻掉的行動是：「肯上校進入市場，而麥叔叔不進行價格戰」，例如，由麥叔叔的董事會召開會議，並決議要求總經理若肯上校膽敢進入，就一定得使出價格戰，如此就封阻掉和平共存的行動，當然會議結果最好由報章媒體大幅報導，昭告所有潛在廠商。

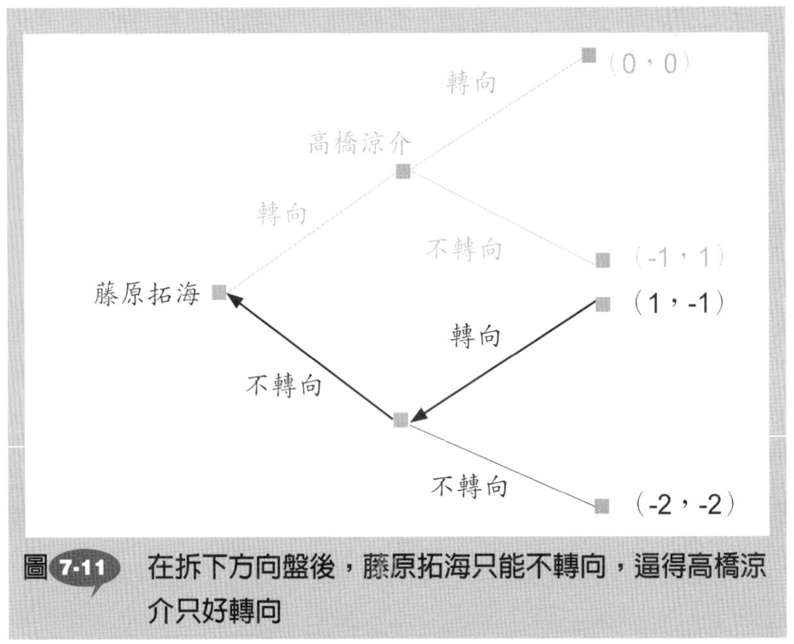

圖 7-11 在拆下方向盤後，藤原拓海只能不轉向，逼得高橋涼介只好轉向

封阻大法處處見

其實人們對封阻策略的運用遠早於賽局理論的形式化討論，例如中國歷史楚漢相爭時的「破釜沈舟」，即是將自己的唯一退路給封阻掉，此時士兵也只能硬著頭皮奮勇殺敵，爭取自己活命的空間。另外，可能各位讀者也經常遇到封阻策略卻不自知，比如說大家都有過不夠用功，結果期末考考完怕被當掉又趕快跑去找老師求情的經驗，如果大家都想期末求情有用，就沒有人會認眞唸書，所以老師也可以使出封阻策略，期末考一考完就出國度假失聯，當然學生也就沒有機會求情了。

除了在軍事及日常生活上的運用，在政治學上應用也相當普遍，在後文會介紹中國立「反分裂法」對兩岸局勢的影響。

此外，現在報紙都有言論廣場，接受讀者投稿，由於提供刊登平台，若那位作者的文章出了紕漏，報紙也難辭其咎，所以報社大都會先聲明，此乃單純提供讀者發言平台，完全不代表本刊立場，藉此封阻掉文章所可能引來的法律糾紛。

另外，近年來台灣景氣不佳，銀行汽車貸款呆帳提高，銀行大都會委託所謂資產管理公司或抓車公司進行催帳，但眾所皆知，這些討債集團的組成份子良莠不齊，非法暴力討債時有所聞，銀行怕惹禍上身，但又割捨不掉這種高效率的討債方式，所以均會在委託契約上先言明，不得以違反法律、善良風俗的手段討債，藉以建立防火牆，而實際上銀行絕對知道暴力討債事實，過去沒惹出事端就睜一隻眼，閉一隻眼，不然就事發後趕快解約，推說不知情，推得一乾二淨。不過夜路走總會遇到鬼，2007 年一起銀行委託業者抓車的砸車打人事件震撼社會，被金管會罰 1000 萬也就算了，連與抓車業者簽約的銀行經理都可能被法辦，這招封阻策略已經不管用了。

妥協？門都沒有！

很多人都喜歡看好萊塢或香港的警匪動作片，一群劫匪綁走人質，盤據大樓或飛機，然後警方甚或軍方派出霹靂幹員搶救，但其中不可或缺的是精通搶匪心理的談判專家，試圖緩和

劫匪情緒，以免傷及無辜人質。

假設武裝團體「梁山好漢」劫持一輛載滿觀光客的巴士，要求與警方談判，警方派出心理學家「張依德」前往談判：

梁山好漢：給我1億美金以及準備一輛車和一架可以飛往非洲的飛機，要加滿油！

張依德：請先不要激動，我們以人質安全為優先考慮……。

梁山好漢：不要廢話，快點準備，不然我就傷害人質……。

張依德：是……，錢沒有問題，可是準備需要一些時間……，但政府是不可能答應讓你安全離去的，如果你願意不傷害人質，我可以保證將來你可以從輕量刑，有何冤屈我們也會幫你反應……！

以上是電影中常見的橋段，除非人質是極重要的人物（如影片「空軍一號」中美國總統成為人質），或者劫匪可以輕易殺光所有人質，否則沒有一國政府會跟劫匪妥協，即使是犧牲一、二個人質，也要制服歹徒。為什麼？從賽局理論可以得出解答，這也是封阻策略的應用。

假設梁山好漢先選擇要不要綁架人質，如果綁架，警方則選擇要不要答應梁山好漢的要求，如 7-12 的圖所示，當梁山好漢綁架人質，而警方為了怕人質受到傷害，選擇妥協，讓梁山好漢安然離去，則歹徒的報酬是 5 單位，警方是 -5 單位。但如果警方強硬不妥協，梁山好漢最終必是被擊斃或束手就擒，報酬是 -10 單位，但可能造成人質死傷，警方報酬爲 -10 單位。如果梁山好漢不綁架，劫匪跟警方的報酬均爲 0 單位。

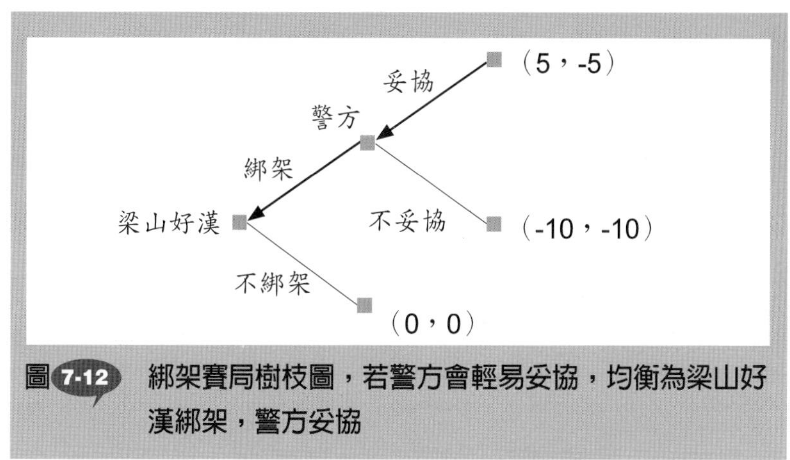

圖 7-12 綁架賽局樹枝圖，若警方會輕易妥協，均衡為梁山好漢綁架，警方妥協

如果警方沒有樹立不妥協的原則，從圖7-12可以看出最後均衡是梁山好漢綁架，而警方妥協。這是因爲警方考量人質安全第一，讓劫匪有機可乘。但是如果從某次開始警方嚴格遵守不妥協的立場，也許前幾次可能演變成梁山好漢綁架，警方不妥協，最後搶匪、人質同歸於盡，血腥收場，但是後來有意綁架的準劫匪們都知道政府威信不容挑釁，面對的賽局就是圖7-13，此時由於警方妥協的行動已經被封阻掉，理性的劫匪們最好不要輕舉妄動。

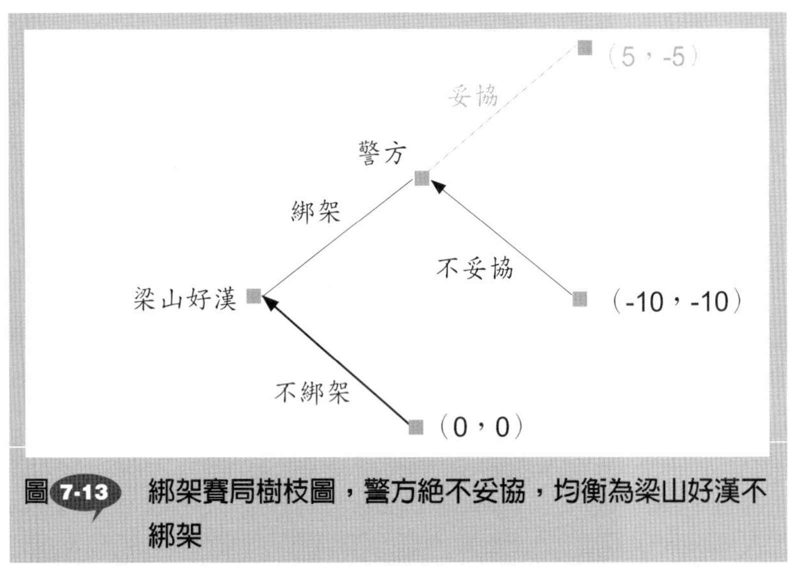

圖7-13　綁架賽局樹枝圖，警方絕不妥協，均衡為梁山好漢不綁架

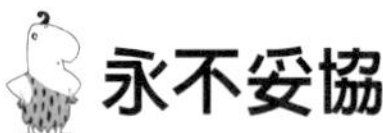

永不妥協

這裡也可以看出不談判也是「理性的不理性」的應用，剛開始似乎完全不顧人質安危，相當冷血，但其實這是爲了樹立威信，如果曾經有過不談判導致人質被屠殺更好（雖然聽起來很殘酷），因爲這樣更可以讓每個人知道，政府是吃了秤鉈鐵了心，絕不妥協的。

7.14 兵來將擋　水來土掩

延續 7.11 的討論，針對參與一方的某種策略行動，另一方自然不肯坐以待斃，所對應的行爲極力要抵消該策略行動的效果，而我們在前文提及策略要有效，重要的是可觀察到及不可逆，所以可以朝這兩個方向著手破解。例如，既然要對手也可觀察到，該策略才有效，那麼索性來個斷絕聯絡，看不到也聽不到對方的行動，則對手自是無計可施。謝林曾經用一個傳神的故事來說明：「小孩子哭鬧總是聲嘶力竭，完全聽不到父母的威脅，此時父母親沒有做任何策略行動的必要，因爲通訊已經斷絕。」

而在破釜沈舟的例子中，中國又有句成語是：圍師必闕（闕同缺），出自《孫子兵法・軍爭篇》，意思是包圍敵人要故意留下缺口，讓他們心知有後路就不會做困獸之鬥（可逆），等於是抵銷破釜沈舟的效果。

小過不斷，大過不犯

面對對手可置信的威脅，一種破解方式是採用臘腸策略（salami tactics）反制，意思是類似切臘腸，一片一片，重點是不會切得太厚，爲什麼呢？我們直接以實例說明，台灣的光碟廠出貨時必須要有菲利普等三家公司的專利授權，但因爲權利金高昂，常見到小廠偷偷增產沒有授權的光碟片，但數量不多（類似切臘腸切得不會太厚），因爲這種行爲是違反法令的，但卻不足以讓大廠大動干戈眞的採取法律行動，而小廠也嚐到甜頭，此時大廠也只能啞巴吃黃連，默許這種侵權行爲，即便曾經威脅一旦查到侵權行爲就要訴諸法律。

7.15 終統廢統＋正名去蔣

在 2006 年初，台灣政府拋出「廢止」國統會跟國統綱領議題引起美中台三方的一陣爭議，最終以「中止」收場。雖然不若「廢止」來得鏗鏘有力，但是政治觀察家卻認爲台灣此舉是漂亮的運用臘腸策略。

因爲自從中國在 2005 年制訂反分裂法之後，彷彿掌握了兩岸局勢的主導權，但此次的廢統事件，又爲台灣贏回發言權。因爲要廢掉的是早已形同虛設的國統會跟國統綱領，其重要性微乎其微，廢與不廢無關宏旨，但操作廢止議題一般咸認有助於陳水扁總統凝聚本土政治勢力，朝法理台獨邁進。最糟糕的是中國，眼睜睜看台灣操作此議題，卻仍無足夠動武的理由，畢竟台灣不是立刻宣布更改國號，最後只能藉由記者會虛張聲勢言詞威嚇，不了了之。

蠶食策略

而 2007 年初的正名運動也是類似的應用，將中華郵政改爲台灣郵政、中油改爲台灣中油、改掉中正路名等行動，被視爲是正名制憲的一小步，同樣的，美國雖然表態反對，但終究不過是企業改個名，能有多嚴重？難道美國就不再協防台灣了嗎？當然不至於，最終又是不了了之。而根據報載，中國對美國的反應溫和相當不滿，但除了碎碎念也沒台灣皮條，民進黨政府則繼續在深化台灣主體意識中得利。

7.16 先傷己，後傷敵…！高麗泡菜的七傷拳

在金庸武俠小說「神雕俠侶」中，提及一門崆峒派絕學「七傷拳」，練習該種拳法會先傷及自身的筋脈，不過一但練成，則威力非同小可，所向無敵，此乃所謂「先傷己，後傷人」，先傷己看似愚蠢，但其圖謀實爲更深謀遠慮的天下無敵。這也是一種策略的應用，妙的是，不少企業還擅長這種七傷拳絕學，例如接著要講解的韓國面板廠商。

全球的面板產業過去幾年來控制在韓國和台灣廠商手中，其中韓國廠商在技術和生產世代上略佔優勢，不過台灣廠商降低成本跟殺價的功力頗令韓商敬畏。面對這個難纏的對手，韓國廠商倒是想出一個釜底抽薪之計。

斷對手金脈

話說在 2002 年時的全球面版產業，第一季台灣在大尺寸 TFT-LCD 面板出貨量剛超越韓國，居全球之冠，由於韓國技術略微領先，也深知一旦台灣跨入第五代生產線，對韓國威脅

將加劇，所以決定拖延台灣各大面板廠集資投資的速度，韓國的方法就是自行降價，此舉當然會傷到自己的獲利，但由於韓商成本低於台商，降價將導致台灣廠商獲利劇降，受傷更重，連帶在證券市場的股價疲軟不振，想透過增資籌措資金難度大增，當然要進入新一代的生產線更是困難。此即主動封阻對手進入市場的行動，當然此策略最終只有延遲台商的擴廠進度，在日後台商依然嚴重威脅到韓商的獲利。

7.17 呆呆向前衝

理性的非理性行爲聽起來有點矛盾，但其實還是理性的，只是外表看起來很不理性，是賽局分析中最常見也是最重要的策略運用之一，軍事上的破釜沈舟相信大家都已經很熟悉，但有時商場上的策略運作比較沒有這麼直接了當，必須要更細膩的分析才能探究策略的本意，接著我們就以台灣的 Dram 產業來看看理性的不理性行爲應用。

台灣 Dram 產業在世界佔有舉足輕重的地位，這種產品的價格經常幾年的大漲後又伴隨幾年的大跌，當然廠商的獲利狀況也就如雲霄飛車般上上下下。事實上，台灣的 Dram 產業營運慘不忍睹，過去九年，平均投資報酬率爲 -0.1%，國外除了韓國三星外，其餘廠商也都是虧損累累。

爲此，國外多數廠商都極思轉型，轉進毛利較高的快閃記憶體（Flash）和數位相機的 CMOS Sensor，然而台灣廠商因無相關技術，只能死守 Dram 這塊市場，所以過去一年，即便已是供過於求，台灣 Dram 廠仍紛紛宣布擴充 12 吋廠計畫，2005 年 10 月，全球第二大 Dram 廠商美國美光（Micron）行銷副總裁來台，評論台灣的 Dram 廠是「不理性」的擴廠，但如果以賽局的架構來看，台灣廠的行爲似乎有更深一層令人玩味的特殊含意。

技不如人　因禍得福

如前所述，供過於求是廠商競相擴廠的產物，所以如果我擴廠，而對手不擴廠，則自己將可以囊括商機，但要怎麼讓對手打退堂鼓呢？關鍵就在於看似「不理性行爲」的威嚇。圖7-14是假設台灣 Dram 廠和國外 Dram 廠的擴廠賽局，如果台灣搶先擴廠，而國外廠商跟進，則供過於求，雙方各有1單位的損失，如果國外廠商不擴廠，可以將資金轉進到毛利高的產品，台灣廠商得到 4 單位利潤，國外廠商得到 2 單位的利潤。而如果台灣廠商不擴廠，讓國外廠商擴廠，則台灣廠商得到 0 單位的利潤，國外廠商得到 4 單位的利潤，最後如果雙方都不擴廠，就現有的產能供給，倒還可以得到 2 單位的利潤。最後由倒推法可以看出最後均衡就是台灣廠商擴廠，而外國廠商選擇不擴廠。

那麼爲何不是國外廠商搶先擴廠呢？最主要是機會成本的考量，蓋晶圓廠動輒數十億美元，台灣因技術層級低，蓋晶圓廠的機會成本相對國外廠商低，而國外廠商既然仍有更高毛利的產品可做，何必耗在這塊領域又需承擔極高風險呢？所以在擴廠的動作顯得猶豫不決，不若台灣廠商勇往直前，義無反顧。

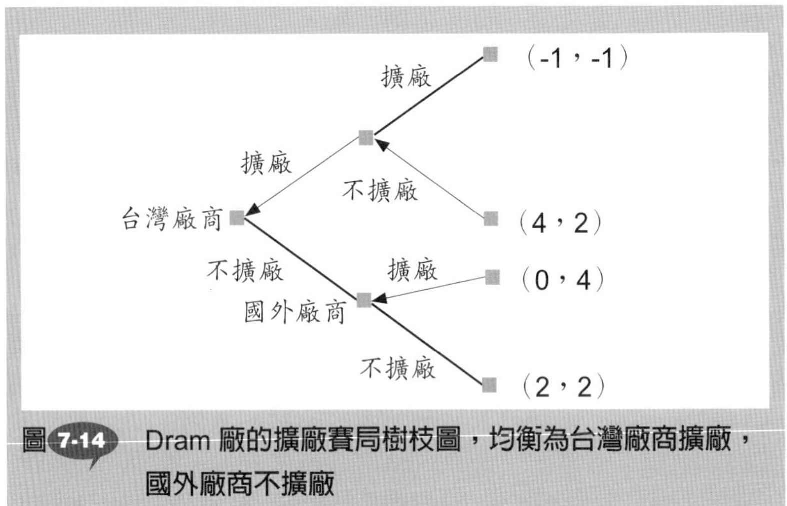

圖 7-14 Dram 廠的擴廠賽局樹枝圖，均衡為台灣廠商擴廠，國外廠商不擴廠

永無止盡的高速公路？

這種賽局的解釋有他的道理，但是不是台灣廠商已經做到最佳的反應仍有疑問，關鍵點仍是這些蓋廠的資金如果不運用在蓋廠上，能否找到更好的出路？國內的面板廠也遭遇到類似的問題，台灣只有拼命蓋廠來以增加產量降低成本，維繫競爭力，但卻始終無法將資金投注在研發上成爲技術的領導者，爲此，2004 年中央研究院院長李遠哲曾語重心長的表示：「懷疑面板產業的投資是否會像一條找不到出口的高速公路」，眞是一言中的，只不過這就不是本賽局可以分析的了。

7.18 反分裂法的醉翁之意

中國於 2005 年通過反分裂法，試圖在統獨爭議上搶得發言權。假設台灣有「獨立」、「保持現狀」和「統一」三種選擇，而中國面對台灣獨立有和平與非和平兩種行動選擇，則反分裂法的通過對賽局有何影響呢？

假設反分裂法通過前，統獨賽局的樹枝圖如圖7-15所示，相關報酬讀者可自行推敲，根據倒推法知道台灣會選擇獨立，而中國選擇和平面對，因爲一旦開戰，其將損失更多。但因爲中國民族主義高漲，所以訂定反分裂法，其目的在封阻掉「一旦台灣獨立，卻毫無作爲」的行動可能，也就是一旦台灣獨立，就是百分之百動武，則如圖7-16所示，此時賽局的均衡改爲台灣保持現狀，這也是爲什麼政論家多認爲反分裂法的目的在於反獨，而非促統。

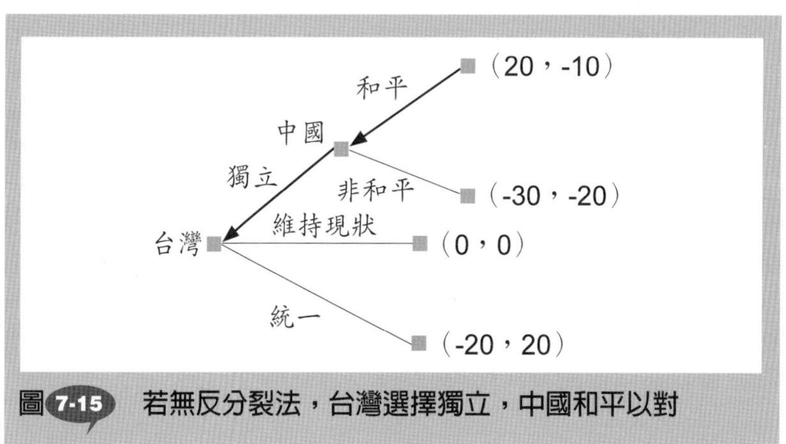

圖7-15 若無反分裂法，台灣選擇獨立，中國和平以對

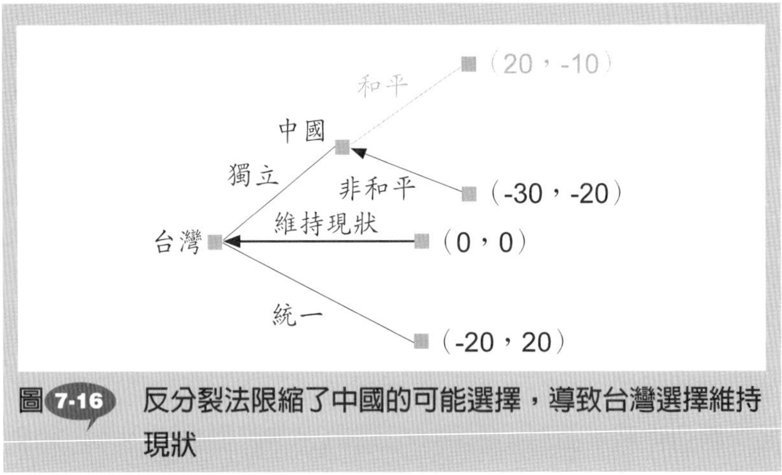

圖 7-16 反分裂法限縮了中國的可能選擇，導致台灣選擇維持現狀

7.19 勾心鬥角，領袖高峰會各顯神通(3)

延續 3.12 的討論，第九屆的 APEC 在中國上海舉行，因爲是自家地盤，打壓台灣特別帶勁，從籌辦階段，中國就小動作不斷，極力壓縮台灣領袖代表人選的出席空間，而台灣方面也不甘坐以待斃，不僅沒有屈服，還以硬碰硬的方式刻意指派曾經擔任副總統的李元簇作爲領袖代表，此舉曾被當時媒體批爲「挑釁」、「以卵擊石」、「不可能的任務」，雖然的確最後也沒去成，但究竟眞的是賭氣對抗，還是有更深的戰略意義呢？這就必須藉由賽局理論的抽絲剝繭了。

最佳助選員

要討論這個問題，就不能忽視同年年底的立委大選，但國際外交場子跟國內選舉有何關聯？事實上不僅有關，還是大大的相關。引國外勢力來助選的例子，讀者應該不陌生，1996 年首屆總統民選，中國的導彈試射讓李登輝先生的得票率一舉過半，2000 年總統選舉前幾天，中國總理朱鎔基齜牙咧嘴的一席話將陳水扁先生送進總統府，所以打出中國無理打壓牌可謂百試不爽。

接著，我們將這場推舉人選的樹枝圖表爲圖7-17，並解說如下：

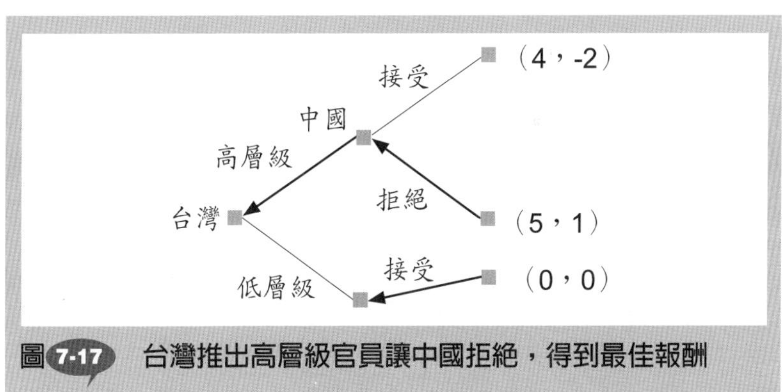

圖 7-17 台灣推出高層級官員讓中國拒絕，得到最佳報酬

首先台灣有提出「高層級」官員代表及「低層級」官員代表的行動，而中共有「接受」該人選與「不接受」該人選的行動；同時爲了簡化模型，假設兩岸的互動僅進行一輪，亦即當台灣在第一輪提出代表人選後，隨著中共的反應，若不接受，

則台灣將缺席抗議，而我們也假設若台灣提出低層級官員，中國將一如往例接受。

如果台灣推出高層級人選，而中國接受，當然是台灣一大勝利，台灣報酬爲 4 單位，中國報酬爲 -2 單位。如果中國拒絕，台灣因而缺席，可以在年底大大宣傳中國打壓，與中國較爲友好的泛藍有如啞巴吃黃連，有苦說不出，在大家同仇敵愾的氣勢下，民進黨贏得選舉，報酬爲 5 單位，而中國在上海峰會排除台灣，也算一償夙願，報酬爲 1 單位。如果台灣派出低層級，中國接受，則一如過去幾屆，相安無事，雙方報酬均爲 0 單位。

 正中下懷，理性的不理性

由倒推法可以輕易求出均衡解，在第二階段，中國面對台灣提出高層級人選，會選擇拒絕；而面對台灣提出低層級人選，他會選擇接受。最後，台灣政府權衡全局，知道提出高層級人選來讓中國拒絕，並拉抬年底選情得到 5 單位報酬是最佳的選擇。

這說明在該年推出前副總統李元簇不是賭氣式的對抗，而是一場精心策劃的陷阱，引中國入甕成爲最佳助選員。根據媒體的民調（TVBS 民調中心）在缺席事件前民進黨的民調僅維持在 19%，然後在缺席事件後兩三天即攀升至 26% 的高峰，且支持度再也沒有下降至 20% 以下，一路攀升，逐漸拉大與其他兩個主要在野黨的差距，終至領先到 12 月 1 日的立委大選。

中共
嘻嘻嘻～踩得好！
立委勝選
李元簇
台灣

附錄三：自由奔放的沉思者

我們在 4.3 講到的鬪空門故事就是出自謝林的手筆，謝林是個公認的說故事高手，不同於主流賽局論學者以數學語言和公理性的方法來進行研究，文章中充滿艱深難懂的數學符號，謝林以其獨特的非數理賽局理論 (nonmathmatical game theory) 開創了一片新天地，謝林不拘泥傳統的思考架構，永遠考慮具有挑戰性的問題，以大量實際生活中的例子，少用數學而多用觀察和推理，不重多產而重創新，曾被其他學者認爲是一個偏離正道的經濟學家；沒想到在多年之後，學界共識認爲他是一個找到有意義研究途徑的先驅者（a pathfinder）。

謝林於 1921 年生於美國加州的奥克蘭，他在加州大學柏克萊分校先後獲得學士和碩士學位，1951 年獲得哈佛大學經濟學博士學位。之後曾在哈佛大學甘乃迪學院擔任政治經濟學教授長達 20 年，之後轉戰到馬里蘭大學（University of Maryland）擔任經濟學榮譽退休教授（professor emeritus of economics）至今。

謝林最爲人稱道的是其鉅作，於 1960 出版的《衝突的策略》（The Strategy of Conflict），在該書中謝林創造了「焦點」此一術語，謝林非常強調「威脅」及「承諾」在對抗的情境中所能起到的作用。他認爲具有可信度的威脅及承諾可以有效的

「戰勝」對手，或防止對手做出一些你所不願見到的舉動。他說：「具有反擊能力會讓你的對手三思而後行」，「最成功的戰爭不是一場徹底毀滅對手的戰爭，而可能是一場從未發生過的戰爭」。所以，他在書中屢次強調如何透過有效的展示「發動有限度戰爭的決心」來防止對手做出一些毀滅性的行爲。謝林走筆生動活潑，就算沒有經濟學背景的門外漢也能無礙閱讀，由於許多精闢見解歷久彌新，此書仍是現在許多著名大學MBA談判課程中的熱門參考書。

謝林關注的研究題目非常多元化，從戰爭到和平、種族隔離、組織性犯罪和全球溫室效應等問題，他的分析不但改變經濟學的思考，也影響國際政治的思維。正如美國經濟學家Albert Hirschman所言，謝林具有經濟學界最爲自由奔放的心靈（one of the freest spirits）；他的獲得諾貝爾經濟獎，就是對勇於自由思考的最佳肯定。

資料來源：科學月刊，第36卷第12期

CHAPTER 8 賽局的反思

從賽局理論學者第一次獲獎至今，已經超過十個年頭，台灣有幾本入門書籍的推出，對普及該學科有重大貢獻，然而，目前賽局理論的發展也遇到重大的瓶頸，主要的問題是能夠被普羅大眾吸收的理論必須要簡單易懂、容易上手，易於詮釋和預測精準等特色，最後能夠隨手取材生活周遭素材，靈活運用。

但這其中是有矛盾的，想要能夠應付各式各樣的場合，其代價必然是架構必須寬鬆，立論不可能嚴謹，而這又限縮了分析精準的力道，也導致賽局理論大概也是最常被誤用的學科。

誠如我們強調的，賽局理論只是分析工具，更多的資訊跟內涵是分析者要自行蒐集，但偏偏玩家，行動跟報酬的組成相當繁複，往往形成使用者不求甚解，隱喻失義，只是削足適履的硬套賽局理論，最後是分析毫無說服力可言。

8.1 人人都是賽局高手？

在第一章，我們就介紹過，要用賽局理論分析，就必須先掌握三大要素，玩家、行動和報酬。而後經過適度的抽象化處理，一一套進報酬表或樹枝圖，就可以找出最後均衡。不過，可惜的是，眞實事件錯綜複雜，不見得容許我們這麼處理，這三大要素只要有一個陷於不確定，都會使得分析的難度直線上升，在本節我們先以「統獨賽局」爲例，概略說明失去準頭的三大要素設定有時反而使得賽局分析成爲四不像，而在 8.2 就實際以統獨兩派的論點來架構各自的統獨賽局。

玩家認定不易

很多時候，玩家數目一目了然，或者只以二人賽局分析的結論可以推論到多人，但有些時候玩家數目卻難以釐清，比如說若分析統獨賽局，玩家只有中國跟台灣嗎？不，有些人認爲這樣看太過狹隘，現在是地球村的時代，牽一髮而動全身，必須在國際架構下探討，所以最重要的美國跟日本也必須納入玩家中討論，在更完整的考量中，有人認爲台灣的電子產業居世界重要樞紐，一旦遭逢戰火必將重創世界各國經濟，幾個重要的先進國家必將抵制中國產品，必使中國經濟倒退 50 年，所以中國必會瞻前顧後，攻擊台灣機率甚低，因此形成一種「矽盾」，矽是電子產品的重要原料，盾是盾牌，所以矽盾顧名思義是以某種經濟力量形成一種讓敵人不敢輕易攻擊的盾牌。這幾種說法都言之成理，如何適度減化玩家數量又不曲解原賽局，其間拿捏相當困難。

行動認定模糊不清

不是每個故事的行動都是直行或轉向，坦白或認罪這麼涇渭分明，比如說在統獨賽局中，很多情況是無法就分成統一或獨立，合作或威脅等，往往存在複雜的競合關係，如就打擊犯罪上雙方持合作態度，但在經濟合作議題上又合作又競爭，政治上則是敵對仇視，這幾個領域又千絲萬縷，分割不開，一個好例子是台灣在 1990 年代成立國統會與通過國統綱領，當時被中國視爲不友善、挑釁的舉動（中華民國還想統一中華人民共和國？），但曾幾何時，台灣主體意識成爲主流後，2006 年台灣操作廢國統綱領議題，又被中國視爲追求法理台獨，仍是個不友善、挑釁的舉動，獨立企圖，究竟一個行爲代表的含意爲何？能否簡約爲一、二個報酬數字？硬是要套進某個賽局分析，難免有削足適履之嫌！

動態或靜態？

此外，有時甚至連是靜態賽局還是動態賽局都搞不清，一個行動的效力持續多久？這牽涉到雙方算是同時出招，還是互有先後，例如中國於 2005 年訂定反分裂法，台灣於 2006 年終止國統綱領，從時間先後來看應該是動態賽局，但是也很多學者是從兩岸的對抗心態來認定屬於靜態賽局（行動有合作跟對抗），這是因爲報酬的算計很難以一天爲單位，可能要有二、三年才上能看出對雙方的影響，也才能得出報酬，但是不是以年爲單位就比較合適也沒有定論，很多人都只是根據分析時兩岸的氛圍來決定是否爲靜態或動態，當然其結果南轅北轍。

報酬難以估計

既然玩家、行動，甚至賽局結構都存在爭議，報酬的給定南轅北轍就不令人意外了。再以統獨賽局爲例，光是中國攻打台灣，兩者的報酬應該是多少就有得吵了，美日是否挺台灣到底攸關雙方的報酬高低，但這一定爲淪爲各說各話，毫無交集。

先射箭，再畫靶

最後，在一切都能隨主觀意志操控的情況下，要得出自己想要的答案就相當簡單，但這種分析被賽局專家譏笑爲「先射箭，再畫靶」，當然百發百中，但終究只是紙上談兵，毫無意義。

8.2 一個賽局，各自表述？

在公共財提供賽局中，有很多種版本可以講述，應用者必須小心確定適用的模型，但這並不是賽局理論應用最大的問題，接著我們要介紹報酬一旦無法確定，將使得賽局理論淪爲有心人士操弄議題的工具。

分析台灣要獨立或不獨立，中國是否武力攻擊的「統獨賽局」經常出現在報章雜誌，但是不是能入木三分，傳神表達兩岸情勢的詭譎多變就大有疑問，讀完本節讀者就可明白何以此類賽局容易淪爲「一個賽局，各自表述」。

賽局假設由台灣先行動，有「獨立」跟「統一」二種選擇，如果台灣獨立，中國有「武力進攻」跟「和平默認」兩種選擇，現在問題來了，最重要的報酬如何給定？先參考圖8.1的樹枝圖。

巍巍台灣魂

面對特定行動組合的報酬，我們不給出特定值，只要分辨出相對大小即可。對獨派人士來說，他們相信一旦台灣宣佈獨立引來中國攻擊，美、日等國必然介入，而中國也會考量一旦動武，必然造成多年經濟成果毀於一旦，得不償失，況且在美、日協防之下，中國必然失敗收場。綜合這些想法，假定 b>d，則中國面對台灣獨立只得和平默認，台灣知道這個狀況後，再跟和平統一比較，當然是 a>e，所以賽局最後是台灣選擇獨立，而中國和平面對。

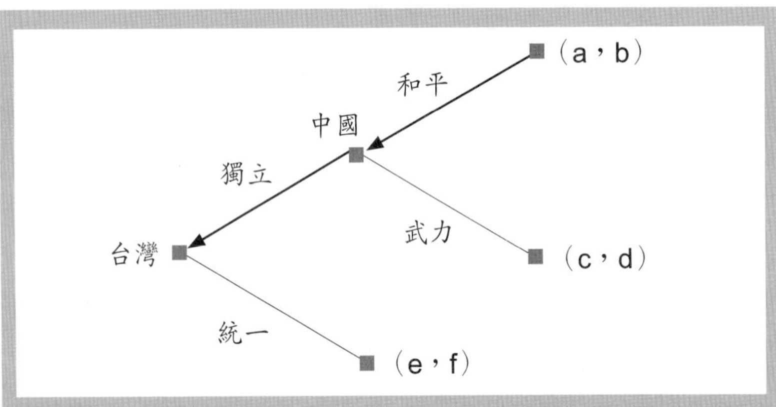

圖 8-1 獨派的統獨賽局樹枝圖，最後均衡是台灣獨立，中國選擇和平面對

中華兒女情

但對統派人士可就不是這麼一回事了，他們的故事是台灣一旦獨立，勢必引來中國干涉，鑒於近百年來民族傷痛，決不容許台灣自祖國分裂出去，這也表示如果共產黨默不吭聲，將遭到全體中國人唾棄，報酬更低，寧可經濟倒退 30 年也要往死裡打，而且美、日基於自身利益，必然不會出兵相助，台灣因此生靈塗炭，相較之下，d > b，台灣將只面對獨立後中國武力相對，或是跟中國統一兩種狀況，一但中國打來必然國破家亡，所以對台灣來說，e > c，因此最後賽局均衡應該是台灣選擇與中國統一，炎黃子孫大團結，於是 21 世紀是中國人的世紀……。

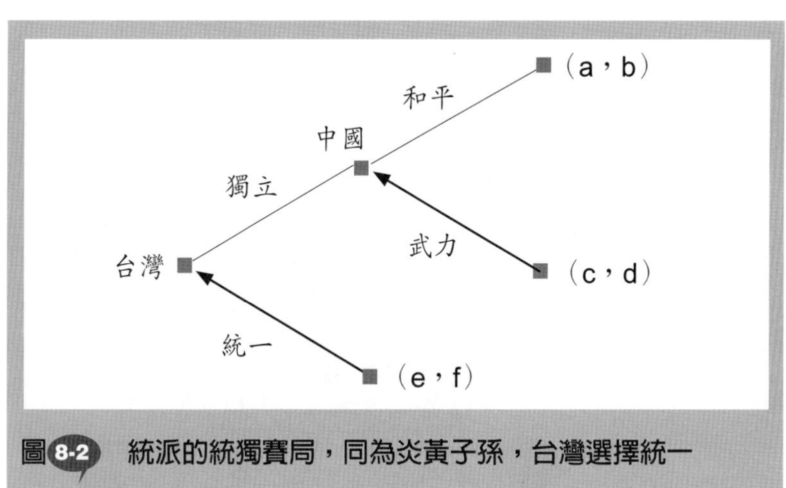

圖 8-2 統派的統獨賽局，同為炎黃子孫，台灣選擇統一

雞同鴨講

這兩種故事都有一廂情願的成分在，都犯了 8.1 所談的先射箭，再畫靶的毛病，他們早就已經設定好想要的賽局結果，其實報酬該怎麼設定沒有人能拿捏得準，造成各說各話，也形成分析這類賽局的最常見弊病。

8.3 有影嘸？賽局理論說全面開放？

每當有世界級的經濟學者，尤其是諾貝爾獎得主蒞臨台灣，國內一些喜歡湊熱鬧又不用功的媒體就會掀起「大師熱」，他們會想盡辦法將麥克風湊到學者嘴邊，隨口亂問：「怎麼看當前世界經濟？美股可否突破萬點？台灣經濟何去何從？」之類的怪問題，也不先看看該名學者獲獎的原因跟專長，似乎經濟學者就要懂總體經濟，懂總體經濟就一定擅長股市分析。

大師風範

謝林在 2006 年 10 月造訪台灣，照樣又有一堆不用功的記者狂問股市問題，不要說台灣彈丸之地，很少人能瞭解其經濟資訊，就算是身處美國，這些大師也未必眞能瞭解股市，幸好謝林告訴他：「不要問我，去看報紙就可以了！」展現大師謙沖爲懷，謹守分際的專業素養。筆者相信謝林應該對台灣經濟相當陌生，況且這根本不是他的專長，但即便是其專精的賽局領域，其見解是不是就眞的能切合台灣的需要呢？本節的緣起是有記者問謝林，如何看待台灣面對中國經濟的崛起？是要開放還是緊縮對中國的投資？這是個大哉問，不易回答，但謝林給了一個不痛不癢，四平八穩又面面俱到的答案：「台灣應高度開放，兩岸的互動愈多，中國大陸對台灣的依賴愈深，台灣的危機就愈減少。」爲什麼這個答案有點不痛不癢？因爲開放、互動這種大方向的答案本來就是較爲正面、積極，幾乎是放諸四海皆準，給人搔不到癢處的感覺，但現在問題來了。

郢書燕說　歪打正著？

在 2006 年 11 月 8 日，聯合報的社論大辣辣寫著：「賽局理論說：全面開放！」，相信對不少學過賽局的人都很想知道賽局理論是怎麼說要全面開放的。照例，這類夾雜極強列意識型態的文章引起正反兩面的迴響，這篇文章大概吻合了之前我們所提及運用賽局理論的諸多毛病，是相當值得討論的一篇文章。

大勢所趨，台灣莫作困獸之鬥？

該報社論寫著：「……要求他（謝林）爲消耗台灣經濟與活力的兩岸僵局求解。他毫不遲疑地提出了賽局理論導出的答案：台灣應高度開放，兩岸的互動愈多，中國大陸對台灣的依賴愈深，台灣的危機就愈減少。」由此，該報得到重要的引申：「其實謝林所應用的，只是賽局理論中折衝理論最基本的邏輯。依此邏輯，既競爭又合作的雙方，會不會發生決裂而採取可怖的手段相互攻擊，決定於兩個層面。頭一個層面是，雙方善意互動是否能爲彼此帶來重大的利益，此利益是否較與他人合作更爲顯著。若與他人合作獲利更豐，自然一方乃至雙方都會棄若敝屣。另一個層面是，如果合作破裂，雙方各將蒙受多大的損失；己方的可能損失，就是對方可用爲籌碼的『威脅』。那一方的『威脅』愈是有力，即能自互動中分得愈大的利益。」「兩岸的賽局，善意的合作，就是雙方積極從事經貿交流，而不以武力攻擊對方……。」

「……雙方各自從互動中獲得的巨大利益，注定兩岸經貿合作可以也應該持續下去。但從『威脅』這一面觀之，一旦善意互動中止，代之以干戈相向，台灣經濟固將一敗塗地，社會陷入動亂，中國大陸亦將損失慘重……。

要解讀該報社論可以參考表8-1，我們可以想像台灣跟中國都有「合作」跟「威脅」二種行動，而台灣的合作行動包括：開放對中國投資，不要任何設限，相反的，威脅行動則為對中國戒急用忍，嚴密戒備、步步為營，設下種種限制，甚至在政治上追求獨立，甚或挑釁。而中國的合作行動包括：不武力威脅，接受台灣民間龐大的資金、人才，尤其是經營與管理能力，當然威脅就是武力犯台。所以根據表8-1，知道中國跟台灣都要選擇合作，才是理性的決策者，台灣民進黨政府限制台商對中國的投資簡直是愚不可及。

表8-1 聯合報的兩岸合作賽局

		中國	
		合作	威脅
台灣	合作	(4，4)	(1，-1)
	威脅	(1，-1)	(-2，-2)

片面之詞，避重就輕？

看到這邊，讀者應該可以輕易知道問題在哪裡，從行動的解讀到報酬的假設都充滿政治面的意識形態：

1.何謂合作？何謂威脅？台灣「戒急用忍」政策就算是威脅的行動嗎？這可能人人解讀都不同，就有學者反駁，台灣現在對中國的投資金額佔國民生產毛額比例 2.2%，而日本投資中國只有 0.09%，美國只有 0.05%，如果這還算威脅的行動，那還眞不知全世界有哪一個國家是採合作的行動。

2.台灣的「合作」行動固然延續電子產業低成本的優勢，但也造成國內結構性失業嚴重，工廠老闆爲了追求低成本，不惜關掉台灣工廠，解聘大量勞工，貧者越貧，這類悲劇一再重演，如果考量這些成本，在表8-1（合作，合作）中，台灣的報酬還會是 4 單位嗎？每個人都會有不同的解讀。

3.中國究竟是採「合作」還是「威脅」行動？又或者能這樣單純區分合作或威脅嗎？也許中國對吸納台灣資金是採合作態度，但政治、軍事上的敵對絕對是威脅，因而犯了以偏概全的毛病。

4.台灣報酬的給定，在經濟面已經是爭議不歇，若再考慮中國的軍事威脅甚至是中國在世衛組織、APEC 峰會等國際場合打壓台灣的不遺餘力，則報酬絕對不是表8-1所言，而且恐怕是高估甚多。

郢書燕說，歪打正著？

很明顯的，這只是根據自己需要來架構一套賽局理論，從另一個極端的獨派人士可以根據相同手法，架構出完全不同的結論，當然，我們並不是說這篇社論的結論一定錯（事實上這是需要時間證明的），只是要陳明過度簡化的賽局理論並無法分析這類複雜的議題，也就不可能給出客觀正確的解答。賽局理論可不可以解決兩岸矛盾對尤未可知，但以一兩句樣版式的口號就妄圖解決錯綜複雜的兩岸議題無疑是緣木求魚，不過有沒有可能歪打正著，意外達到郢書燕說的「舉燭」效果就不得而知了。

附註：郢書燕說

郢書燕說的典故是說：在春秋戰國時代，某天楚國京城郢都的一個人寫信給燕相國。因為燭燄偏低，燈光昏暗，所以這郢人對侍者說了一聲：「舉燭」。沒想到他腦中想著舉燭，嘴巴念著舉燭的時候，竟然不知不覺也把舉燭二字也寫到信裡去了。

燕相國收到那郢人的信以後，始終覺得信中的舉燭兩字高深莫測，別有涵義。突然靈光一閃，若有所悟地說：舉燭的意思就是大放光明，也就是要找光明磊落的人出任要職，如此吏治才能清明，國家才能步上軌道。燕相國把這一想法告訴了燕王，燕王聽了就廣招賢士，自此政通人和，國勢蒸蒸日上。自此郢書燕說代表曲解原意卻歪打正著的涵義。

8.4 吃驚的賽局專家！

7.2 介紹的倒推法是動態賽局的主要工具，雖然理論上合理易懂，但是這個解法卻毀譽參半，這可以分成兩個層次來說明，一是本身邏輯的瑕疵問題，二是理論與實驗結果不合，其預測能力不佳。爲解釋這兩個問題，我們以蜈蚣賽局和最後通牒談判賽局爲例來說明。

蜈蚣賽局

在此我們先介紹精簡版二回合的蜈蚣賽局（centipede game），見圖8-3，該賽局的玩法是「生張」、「熟魏」兩人一前一後取走銅板，首先生張先行動，他可以選取走銅板，得到 4 元，熟魏則得到 1 元，賽局結束。當然生張也可以選擇不取走銅板，繼續賽局，接著由熟魏選擇取走或是繼續賽局，如果熟魏選擇取走銅板，則熟魏獲得 8 元，生張 3 元，如果熟魏選擇不取走，我們假設賽局結束，其中熟魏獲得 6 元，生張 6 元。如果這個賽局不是只有 2 回合，而是 100 回合，樹枝圖看起來就會像百足蜈蚣，所以又稱爲「蜈蚣賽局」。雖然圖8-3只是精簡版，但無礙於我們討論倒推法的問題，從圖8-3可以看出，此賽局的均衡結果就是（4，1），生張取走 4 元，熟魏得 1 元，賽局結束。

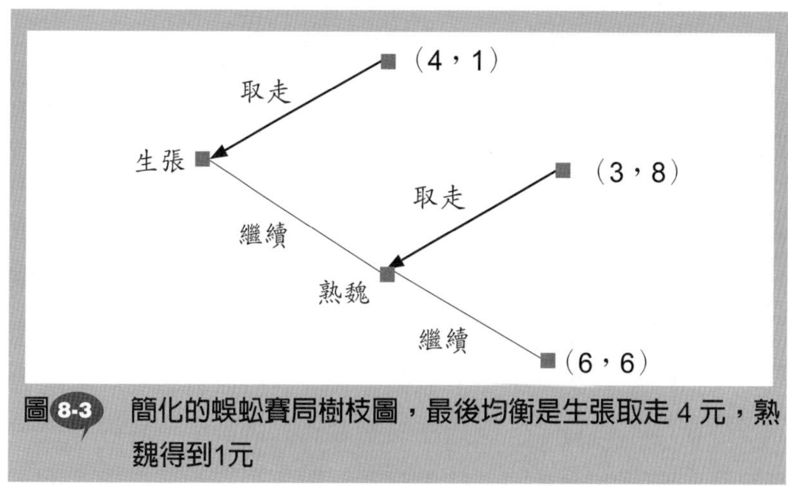

圖8-3 簡化的蜈蚣賽局樹枝圖，最後均衡是生張取走 4 元，熟魏得到1元

缺乏全面性的分析能力

從倒推法的邏輯來看是沒問題，但是更多時候倒推法缺乏提供合理預判的能力，怎麼說呢？假設生張並沒有一開始就選擇取走，則熟魏該怎麼看待這個事實？一種可能是認定生張不是理性的，所以熟魏可以趁機選擇取走得到 8 元。另一種可能是熟魏可以視此舉爲生張善意的暗示，如果熟魏也選擇不取走，搞不好兩人因此培養默契，最終走到終點，大家都滿載而歸，得到最佳結果。那麼現在問題是倒推法不能告訴熟魏，一旦生張選擇繼續，他該怎麼做，從而也使得這個解法在應用上不夠廣泛。

實驗結果灰頭土臉

想要知道賽局理論正不正確，拿來實驗就知分曉。可惜的

是，蜈蚣賽局的實驗結果絕少會如理論預測般一開始就結束，最常見的結果是進行到中途，甚至可以玩到最後，何以如此呢？賽局專家並沒有肯定的說法，常見的解釋有：

1.根本的放棄人是完全理性的前提，改而承認人是有限的理性，這個概念很早就由 1978 年的諾貝爾經濟學獎得主西蒙教授提出，他的概念是認為人只是動物，其行為反應多只能從記憶所及的案例當中檢索出與當前場合最相似的那些案例，要求他跟上帝般具有無窮數理計算能力自是不切實際。例如在蜈蚣賽局的例子中，有限理性說明除非受過賽局訓練，否則一般人不容易經由嚴謹的倒推法解出最佳結果，玩家可能只是以善意為出發點，且戰且走，一旦見收穫尚可就見好就收。

2.第二個解釋是相互性假說（reciprocity hypothesis）：此假說假設玩家仍有無窮計算能力，若生張基於有意合作選擇繼續，熟魏可以將此視為是生張釋出善意的訊息，並且投桃報李，也選擇繼續，此時生張確認得到熟魏的正面回應，繼續選擇繼續……，最後大家互蒙其利，此稱為正的相互性（positive reciprocity）。

當然，這裡的倒推法是從報酬為判斷標準，如果報酬的組成有更精準的掌握，是可以合理解釋實驗結果的，為更進一步說明，我們來看看最後通牒談判賽局。

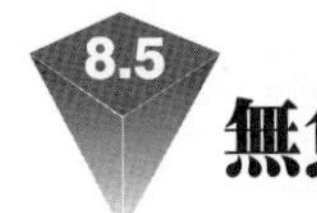

無魚蝦也好

另一個給賽局專家當頭棒喝的是最後通牒談判賽局（the ultimatum bargaining game），其內容如下：神偷和怪盜分贓 100 元的戰利品，並由神偷負責分配，條件是分配的數額必須是整數，以及他至少要分給怪盜 1 元。而針對神偷的分配方案，怪盜只能選擇接受或拒絕（take-it-or-leave-it），如果接受，則賽局結束，如果拒絕，則將因爭吵而東窗事發，100 元將被沒收，雙方一無所有。

聊勝於無

根據以上描述，我們來想一個相當極端的例子，邪惡的神偷將 99 元留給自己，只象徵性的給怪盜 1 元，則怪盜是否該屈辱的接受神偷的提議？如8-4的樹枝圖所示，從倒推法來看怪盜的確是應該要接受的，因為這總比一無所有好，也許怪盜會虛張聲勢恐嚇神偷要給他 50 元，否則將拒絕接受，

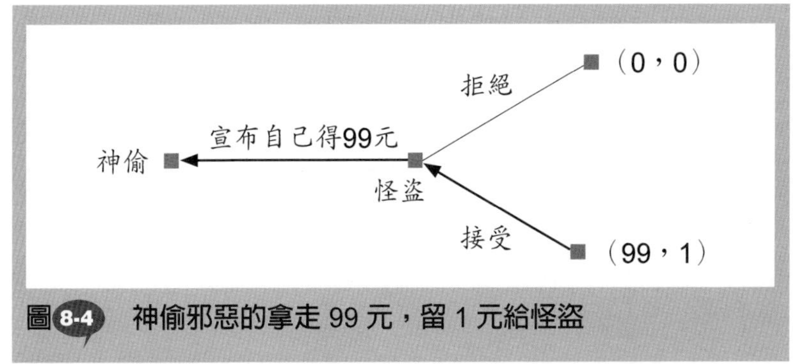

圖8-4 神偷邪惡的拿走 99 元，留 1 元給怪盜

但再次的，我們看到怪盜的威脅屬於不可置信的威脅，一旦眞的只拿到 1 元，最好還是掩嘴偷笑，畢竟「無魚蝦也好」。

 攻守易位　豬羊變色

然而如果將遊戲規則稍一改變，結論將會相當驚人，例如，規則改爲怪盜先宣布他願意接受的金額下限爲多少，如果神偷的分配低於這個下限，將視爲怪盜「自動拒絕」。關於這個新賽局，我們可以直接用神偷、怪盜的「極端」選擇來推理：怪盜宣布自己至少要分得 99 元，神偷此時有兩種選擇，一是自己拿1元，給怪盜 99 元，滿足怪盜的要求，賽局結束。另一種情況是給怪盜少於 99 元，在此我們以 1 元來代表，則因爲怪盜將自動拒絕，所以雙方的報酬均爲 0，最後神偷權衡輕重，只好答應怪盜的要求，自己雖僅得 1 元，但也聊勝於無。在這裡可以看出自動拒絕的重要性，如果賽局規則又改成神偷分配完之後，怪盜不是自動視爲接受拒絕，而是再選擇要不要拒絕，則又會回到神偷得 99 元，怪盜 1 元的均衡上。這個賽局凸顯了先發制人的重要性，也就是我們之前提及的先行者的優勢。

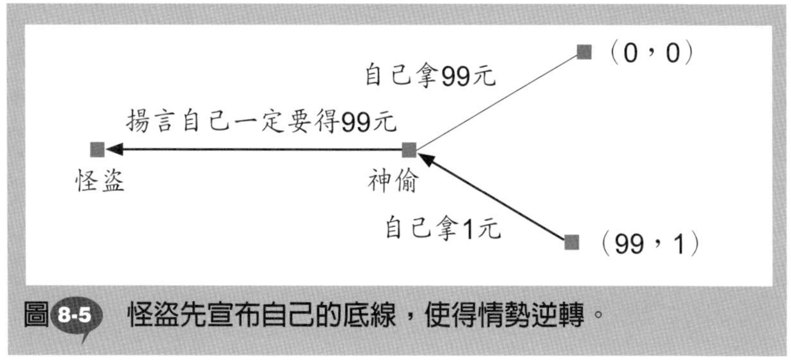

圖8-5　怪盜先宣布自己的底線，使得情勢逆轉。

 奇摩子左右全局

雖然圖8-4中的倒推法告訴我們怪盜應該屈辱的接受神偷的「施捨」，但這畢竟是理論推導，現實狀況又會如何呢？曾有賽局專家進行這個實驗，但實驗結果卻讓專家們灰頭土臉，多數人面對不公平的分配方式（例如怪盜得 1 元，神偷卻得 99 元），往往選擇拒絕，大家玉石俱焚。而實驗也發現不少玩家公平的分出一半給對方，哪裡出問題了？ 接著解說如下：

1. 部分專家認爲與實驗結果不一致的原因不在於均衡概念本身，而在玩家的報酬如何設定。也就是說，在某些情形下，玩家的報酬並不完全取決於他所得到的金額，仍必須考量如公平性或情緒（奇摩子）上的感受等。這種解釋強調前文報酬的組成失眞，如果我們能給與公平性一個量化的數字，且報酬綜合考慮分到的金錢跟對公平的感受，則倒推法依然能正確預測賽局的結果，比如說，我們假設報酬的綜合組成是：

$$y - (x - y)^2$$

其中x是怪盜得到的金額；y 是神偷得到的金額，$(x - y)^2$ 可以視爲公平性的量化指標，當 x 大於 y 甚多，代表神偷獨吞該 100 元，所以$(x - y)^2$也越大，自然 $x - (x - y)^2$ 也越小，而當神偷分給怪盜 50 元時，$(x - y)^2 = 0$，達到極小。若應用在圖8-6中，怪盜只分到 1 元的報酬應該改爲

$y - (x - y)^2 = 1-(99-1)^2 = -9603$，如圖8-6所示，此時倒推法可以得到怪盜拒絕反而是最後均衡。

以上是加入公平性的考量重新界定報酬，這部分現在是腦神經經濟學探究的重點，他們直接藉由儀器瞭解人們的各種情緒時，腦中的一些化學物質傳導變化，這種探究將有助於經濟學家開發出更適當的決策機制模型，是近代經濟學最重要的突破之一。

2.我們也可以沿用上文中的相互性假說來解讀實驗結果，比如說，如果神偷分給怪盜 50 元，而非 1 元，怪盜會這樣想：「神偷原本是可以只給我 1 元，但難能可貴他並不貪心，給了我 50 元……」，因此怪盜會以正面的行動回應神偷的善意，這是正的相互性（positive reciprocity），而如果神偷吝嗇的給了怪盜 1 元，怪盜憤怒之餘，決定拒絕以報復神偷的貪婪，就稱爲負的相互性（negative reciprocity）。

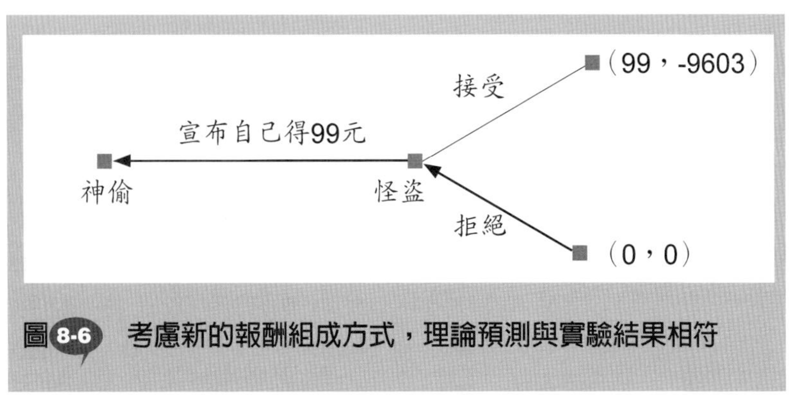

圖 8-6 考慮新的報酬組成方式，理論預測與實驗結果相符

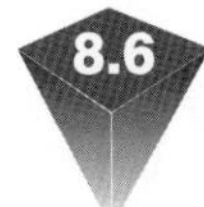

8.6 簡單的不切實際，難的又不會

早在第一章就提過，一旦賽局三大組成缺少一項，解題的難度將急遽升高，一般人是否有能力經過縝密計算不無疑問。

在 7.1 箇再來跟客來思樂的例子中，我們假定雙方都清楚對方的行動跟報酬，但實際上根本不可能對雙方的成本瞭若指掌，如此一來根本無從分析起，對此，賽局專家仍循序漸進的解決，他們先引進簡單的機率，嘗試從解決比較單純的情況。

難如登天

比如說，箇再來不清楚客來思樂的成本，但是他知道只有二種可能，高成本跟低成本，其中由於客來思樂年前剛引入法國「家家樂」的資金，如果來得及有資金的挹注，就有能力打價格戰，這部分的機率估計是 0.7，而沒有資金的挹注的話，高成本的機率有 0.3。讀者可以想像將會有兩個樹枝圖，當然兩個圖的報酬組成不會一樣，而雖然每個圖都可以利用倒推法知道最佳行動，但受限於機率的不確定性，到底該怎麼做讓箇再來的決策者傷透腦筋。

同樣的，回到 1.9 的例子中，乘風破浪無法掌握白龍王的成本，他也一樣沒辦法決定行動，在更進一步的討論中，賽局專家混合運用統計、數學的技巧來處理這個問題，但這部分的難度可是會考倒很多研究生的，我們就不再繼續介紹。而這還是已經有高、低成本機率的情況，更慘的是根本一無所知，分析者毫無下手的機會，這也是我們說的，簡單的無法分析，難的又不會分析。

現實與理論的差距

最後，還記得第一章我們提到賽局課程幾乎是國內EMBA的熱門課程嗎？但是能將其運用到實務經驗者寥寥無幾，甚至宣稱應用賽局理論在商戰上，卻一敗塗地者也不乏其人，以燦坤為例，雖然在台灣呼風喚雨，但在中國的投資卻未能盡如人意，這些人堪稱是國內商界菁英，在應用上都未能得心應手，也可見在理論和實務融合上眞是困難重重了。

博雅文庫 133

賽局好好玩

作　　者　張振華
發 行 人　楊榮川
總 編 輯　王翠華
主　　編　侯家嵐
責任編輯　侯家嵐
文字校對　施榮華
封面設計　盧盈良　侯家嵐
出 版 者　五南圖書出版股份有限公司
地　　址　106台北市大安區和平東路二段339號4樓
電　　話　(02)2705-5066
傳　　真　(02)2706-6100
劃撥帳號　01068953
戶　　名　五南圖書出版股份有限公司
網　　址　http://www.wunan.com.tw
電子郵件　wunan@wunan.com.tw
法律顧問　林勝安律師事務所　林勝安律師
出版日期　2007年 6 月初版一刷
　　　　　2009年11月二版一刷
　　　　　2015年 6 月三版一刷
　　　　　2017年 1 月三版二刷
定　　價　新臺幣250元

國家圖書館出版品預行編目資料

賽局好好玩/ 張振華著. 一 三版. 一 臺北市：五南, 2015.06
面； 公分
ISBN 978-957-11-8097-7（平裝）
1.博奕論 2.通俗作品
319.2　　104006023